平凡社新書
814

脳を鍛える!
計算力トレーニング

小杉拓也
KOSUGI TAKUYA

HEIBONSHA

はじめに

「計算が苦手」「数字アレルギーだ」「すぐにパッと暗算できない」などの悩みに心あたりはおありでしょうか。本書は、さまざまな暗算術を紹介し、習得していただくことによって、これらの悩みを解決する本です。

本書で紹介する暗算術は、どれも学校や教科書では教わらない方法ばかりで、楽しみながら計算力を鍛えることができます。

数字や計算に強くなると、さまざまなメリットを得ることができます。仕事の面では、**計算を瞬時にできることで、信頼や評価が上がる**ことがあります。例えば、取引先の社長と営業マンによる次の会話をご覧ください。

取引先の社長：1台12万円の機器を17台納入してほしい。合計でいくらになる？
営業マン：（瞬時に）204万円ですね。ありがとうございます。

取引先の社長に合計額を聞かれてから、電卓を取り出して、それをカタカタ打っているようではスマートとは言えません。一方、この営業マンのように、瞬時に「204万円ですね」と答えることができれば、**「この人はできる」と一目置かれる**こともあるでしょう。

また、**計算は脳のトレーニングになります**。京都大学名誉教授であり、医学博士の久保田競(きそう)氏は、脳のトレーニングにおいて、脳の「前頭極(ぜんとうきょく)」という部分を鍛えることが大切だと主張されています。そして、その前頭極を鍛える方法として、次のように述べています。

> では「前頭極」を鍛えるにはどうすればいいのでしょうか。最近の研究で、**暗算がもっとも効果がある**ことがわかりました。
>
> (久保田競・小林誠男監修『絶対脳力を120%高める大人のミニ数字ドリル』主婦の友社、2006年、強調は筆者)

久保田氏以外にも著名な脳科学者が、計算や暗算が脳のトレーニングに効果があることを認めています。

また、脳は使わなければ、その機能がどんどん低下していきます。久保田氏によると、脳の機能低下は、脳の神経細胞のつなぎ目であるシナプスの減少と関係があるそうです。同氏は脳の機能低下とその防止策について、次のように述べています。

> 年齢を重ねて、脳が萎縮(いしゅく)する過程で、シナプスは死滅していきます。これが、加齢とともに脳の機能が低下する主な原因のひとつです。(中略)
>
> では、脳の機能を低下させないためには、どうすればいいのでしょうか。
>
> 近年の研究から次のことが分かりました。それは、「シナプスの数は、**脳をつかう訓練を続けることで、増やすことができる**」ということです。つまり、**毎日**

脳をトレーニングすれば、いくつになっても、脳の働きを上げることができるのです。

（久保田競監修『絶対脳力を120%高める大人の10ます計算ミニドリル』主婦の友社、2006年、強調は筆者）

「継続は力なり」と言いますが、毎日少しずつでも計算トレーニングをすることで、脳の働きを高め、頭の回転を速くすることができるのです。毎日の計算トレーニングによって、脳の力がよみがえるということも期待できるでしょう。

そして、暗算が脳のトレーニングに適しているのは、「**楽しみながらできる**」からです。暗算術には、「こんな方法で計算できるのか！」「こんなに簡単に計算できるのか！」というように、驚き、楽しみながらできる方法がたくさんあります。

また、計算や暗算のもうひとつの楽しさは、不思議な数の性質に触れられることです。数には知的好奇心をくすぐる多様な性質があり、それらについても本文中やコラムで紹介しています。

せっかく脳のトレーニングをするなら、楽しみながらが一番です。**楽しいからこそ続けることができます**。また、本書に載せている暗算術を習得することによって、暗算できる計算が増え、計算力が伸ばせます。計算力が伸びていることを実感すると、さらにトレーニングを続けるモチベーションにもなります。

「暗算術って簡単なのかな？　何だか難しそう」

このように思う方もいらっしゃるかもしれません。でもご安心ください。本書に載せている暗算術は、小学算数の＋－×÷の計算ができれば、誰にでも理解することができる簡単な方法ばかりです。各章末の補足の暗算術が成り立つ理由についての説明とコラムの一部で、中学数学を使用することはありますが、暗算術のマスターそのものには中学数学の知識は必要ありません。どの暗算術も小学算数の知識で容易に学べて、自分のものにすることができます。

私は学習塾を経営し、講師も務めるかたわら、暗算術の研究をしてきました。教えることを本職としているため、本書で紹介するさまざまな暗算術について、できるだけわかりやすくお伝えすることができると思っています。

本書の大まかな構成についてお話しします。

第1章では、計算を得意にする方法や、計算における反復の重要性について述べます。

第2章では、かけ算の暗算術を紹介します。私たちは九九の81通りの答えは暗記していますが、かけ算の暗算ができる範囲をさらに広げること（＝九九の拡張）を目指します。さらに第3章では第2章の「九九の拡張」で扱った以外の方法を紹介します。

そして、第4章では、3ケタ＋3ケタの暗算術や、おつり暗算術など、たし算と引き算の暗算術を紹介します。

第5章では、5で割る割り算を瞬時に解く方法など、割り算の暗算術について解説します。

第6章では、小数と分数の暗算術を紹介します。この章では、「4500円の3割引はいくら？」といった割合計算をスムーズに暗算できようになることも目指します。

ところで、計算した後に見直して検算することも大事です。そのため、第7章では、さまざまな検算法を紹介します。

そして、最終章では、本書の内容を総復習できる「総まとめテスト」を掲載しています。

最終章も含めた全8章によって、計算力を総合的に鍛えていきます。

計算が得意になると、日常生活やビジネスで得をしたり、頭の体操になったりと、さまざまな効用があります。あなたの計算力を磨くトレーニングを、楽しみながら実践していきましょう！

脳を鍛える! 計算力トレーニング●目次

はじめに …… 3

第1章
暗算術を習得して計算に強くなる 11

この計算を暗算で解けますか? …… 11
計算の苦手意識をどう克服するか? …… 13
計算力を磨く鍵は「反復」である …… 15
脳科学でも反復の重要性が明らかになっている …… 17

第2章
かけ算の暗算術 その1——九九の拡張 20

31 × 31 を一瞬で解く(81 通り→ 171 通り) …… 20
19 × 19 までを暗記しているインド人 …… 26
インド人の計算力に追いつける「超おみやげ算」
(171 通り→ 261 通り) …… 27
「超おみやげ算」はさらに応用できる(261 通り→ 981 通り) …… 32
2ケタ×1ケタは「分配法則」で解く(981 通り→ 2601 通り) …… 37
すべての2ケタ×2ケタの暗算ができる「2本曲線法」
(2601 通り→ 9801 通り) …… 41
「暗算術の選択」が大事 …… 49
第2章まとめの練習問題 …… 52
第2章の補足メモ① 九九の拡張について——「何通りか」の詳細 …… 54
第2章の補足メモ② おみやげ算で2ケタの2乗計算できることの証明 …… 56
第2章の補足メモ③ 超おみやげ算が成り立つことの証明 …… 57
第2章の補足メモ④ 2本曲線法が成り立つことの証明 …… 58

不思議な数と計算のコラム① 神秘的な数と計算 …… 60

第3章

かけ算の暗算術 その2 62
———かけ算のさまざまな暗算術

かっこ暗算術と並べ替える暗算術 …… 62
「一の位が5の数に偶数をかける」暗算術 …… 67
11をかける暗算術 …… 70
第3章まとめの練習問題 …… 74

不思議な数と計算のコラム② カプレカ数「6174」 …… 78

第4章

たし算と引き算の暗算術 79

2ケタ＋2ケタの暗算術 …… 79
3ケタ＋2ケタ、3ケタ＋3ケタの暗算術 …… 82
4ケタ＋4ケタの暗算術 …… 85
おつり暗算術 …… 88
「大きく引いて小さくたす」暗算術 …… 93
第4章まとめの練習問題 …… 97

不思議な数と計算のコラム③ カプレカ数「495」 …… 100

第5章

割り算の暗算術 103

「かけて割る」暗算術 …… 103
「割って割る」暗算術 …… 106
割り切れるか、割り切れないか …… 110
第5章まとめの練習問題と応用問題 …… 114

第5章の補足メモ 倍数判定法が成り立つことの証明 …… 119

不思議な数と計算のコラム④ 必ず 1089 になる計算ゲーム …… 122

第６章

小数、分数の暗算術と割合計算 124

小数点のダンス …… 124
小数点のダンスを利用した割合計算 …… 128
分数と小数の変換 …… 132
分数小数変換を利用した割合計算 …… 135
第６章まとめの練習問題 …… 139

不思議な数と計算のコラム⑤ 驚くべき数「142857」 …… 144

第７章

検算を極める 147

素早くできる２つの検算法 …… 147
検算の切り札 九去法 …… 156
引き算、かけ算、割り算にも使える九去法 …… 162
第７章まとめの練習問題 …… 168

第７章の補足メモ① 九去法でたし算の検算ができる理由 …… 172
第７章の補足メモ② 九去法の弱点が起こる理由 …… 174
第７章の補足メモ③ 九去法でかけ算の検算ができる理由 …… 175

不思議な数と計算のコラム⑥ 必ず元の数に戻る計算ゲーム …… 177

最終章

総まとめテスト 179

おわりに …… 188

第1章
暗算術を習得して計算に強くなる

■ この計算を暗算で解けますか？

本書で扱う内容を知ってもらうために、簡単な計算テストをしてみましょう。全部で10分以内に解くようにしてください。どの問題も筆算を使わず、頭の中で計算して答えを求めましょう。

【問題】

次の計算や問題を暗算で解きましょう。

（1）45 × 45 ＝　　　（2）17 × 18 ＝

（3）15 × 9 × 4 ＝　　　（4）85 × 22 ＝

（5）453 ＋ 378 ＝　　　（6）5963 ＋ 2489 ＝

（7）10000 － 3485 ＝　　　（8）518 － 279 ＝

（9）102 ÷ 25 ＝　　　（10）560 ÷ 35 ＝

（11）37000 × 0.008 ＝　　　（12）0.045 ÷ 0.0009 ＝

（13）定価□円の商品が、定価の2割引で売られていたので、560円で買うことができました。□にあてはまる数を答えましょう。

（14）昨月の売上は240万円で、今月の売上は390万円でした。今月の売上は昨月に比べて、何％増加しましたか。
(15)「356 × 592 = 210652」の計算結果が正しいか間違いか答えましょう。

【答え】

(1) 2025 (解説は22ページ)
(2) 306 (解説は27ページ)
(3) 540 (解説は64ページ)
(4) 1870 (解説は73ページ)
(5) 831 (解説は83ページ)
(6) 8452 (解説は85ページ)
(7) 6515 (解説は89ページ)
(8) 239 (解説は94ページ)
(9) 4.08 (解説は104ページ)
(10) 16 (解説は107ページ)
(11) 296 (解説は124ページ)
(12) 50 (解説は126ページ)
(13) 700 (解説は129ページ)
(14) 62.5% (解説は137ページ)
(15) 間違い (解説は163ページ)

さて、15問中何問解けたでしょうか。全部で10分以内という時間制限を短く感じた方もいらっしゃることでしょう。

現時点で正解数が少なくても悲観することはありません。本書の暗算術をマスターすれば、どなたでも、どの計算も素早く正確に解くことができるようになるからです。

また、問題を見ると、ビジネスや日常生活でよく出てきそうな計算を数多く扱っていることがおわかりいただけるでしょう。

例えば、（７）「10000 − 3485」のような計算は、商品を買うときに１万円札を出した場合のおつりを求めるのに役立ちます。（13）（14）のような割合計算も私たちの暮らしのなかで頻出（ひんしゅつ）する計算です。

今は解けなくても、本書を読んでいただければ、これらの計算をスラスラ解くことができるようになります。読み終わった後、計算力が大幅にアップしたことを実感していただけることでしょう。

■計算の苦手意識をどう克服するか？

苦手な科目、苦手なスポーツ、苦手な人など、人によっていろいろな「苦手意識」があるでしょう。人間の意識を変えるのは簡単ではなく、一度ついた苦手意識はなかなか変えることができません。

しかし、絶対に苦手意識を変えることができないかというと、そうではありません。特に、計算の苦手意識は比較的簡単に克服できることが多いのです。

では、どのようにすれば、計算の苦手意識を克服し、得意にすることができるのでしょうか。そのひとつの解決策が、本書のテーマである「**暗算術の習得**」です。

私たちは学校教育において、さまざまな計算法を学びます。しかし、「**学校教育で習う計算法がすべてではない**」ことをまずおさえてください。例えば、2ケタ×2ケタのかけ算は、学校では通常、筆算によって解くように教えられます。しかし、実際は、筆算以外の多様な方法で、2ケタ×2ケタのかけ算を解くことができます。

具体的に言うと、計算テストの（2）で出題した「17×18」という計算は、学校では筆算で解くように教わります。しかし、本書に載せている「超おみやげ算」という方法を使うと、筆算を使わなくても非常に簡単に暗算できます。あまりに容易に暗算できるので驚く方もいらっしゃることでしょう（その方法について気になる方は、27ページをご覧ください）。

この超おみやげ算を使うことで、17×18、32×34のように、十の位が同じ数の2ケタの数どうしのかけ算なら、すべて暗算で解くことができるようになります。簡単で、しかも広く使える暗算術なので、学校の算数の教科書でも、この暗算のしかたを紹介するべきだと個人的には考えています。しかし、現状では、この暗算術は学校の教科書には載っていません。

このように、「**学校で習った計算法より速く正確に計算できる方法**」が存在します。そして、その方法をマスターすることで、計算力が飛躍的に伸びることがあるのです。本書に掲載している「学校では教わらない暗算術」を身につけることによって、今まで苦手だった計算を得意にしていくきっかけをつかみましょう。

■計算力を磨く鍵は「反復」である

計算力とは、「**素早く正確に計算できる力**」です。

素早く計算できても間違いが多かったり、正確に計算できても時間がかかってしまったりするようでは、計算力が高いとは言えません。スピードと正確性を兼ね備えてこそ、計算力が高いと言うことができます。

では、計算のスピードと正確性を磨くには、どうすればいいのでしょうか。

その鍵となるのは「**反復**」です。「計算には反復が大事である」と言うと、当たり前のように聞こえます。しかし、その当たり前のことを徹底的に分析し、意識して計算力を伸ばそうとしている方は少ないのではないでしょうか。そこで、計算力向上のための反復の重要性について、改めてここで述べていきます。

小学生のとき、計算ドリルを使って、毎日同じような計算を繰り返し解いた経験がおありではないでしょうか。そのような地道な計算の反復によって、計算のスピードと正確さが徐々に身についていきます。

私自身、塾講師として小学生を指導する中でも実感することですが、誰もが習い始めてすぐにスラスラ計算できるようになるわけではありません。

例えば、ある小学生に割り算の筆算を初めて教えるとしましょう。その生徒ははじめ、割り算の筆算のしかたを覚えるのに精一杯です。例題を解かせてみても、たどたどしく、ゆっくりとしか解けません。また、慣れていないので、間違うことも多いものです。
　そこで、1回10分程度でできる計算ドリルの1週間分（7回分）を、その生徒に宿題として出します。そして、1週間後、もう一度割り算の筆算を解かせてみると、初めとは比べられないほど、スラスラ解けるようになっていることがあります。生徒がスラスラ解けるようになったのは、反復練習により、割り算の筆算のやり方に慣れたためです。
　計算力向上のための反復の効果を、徹底的に活用して成功している教育システムは公文（くもん）式でしょう。公文式では、計算問題を何度も反復しながら徐々にレベルアップしていくことで、速く正確に計算する力を養います。
　実際、公文公教育研究所編『公文式がわかる 改訂版』（くもん出版、2010年）には、「計算や読解の力は、基礎から順番に練習を積み上げていき、地道な反復練習によって磨きをかけていくことこそ大事です」と書かれており、反復練習を大事にしている公文式の姿勢がわかります。
　公文式のシステムは今や49の国と地域に広がっているそうですが、その拡大の一因は、反復の重要性を徹底的に追求しているからでしょう。「計算力向上に反復が重要である」のは万国共通の事実です。
　初めての生徒を指導するとき、やけに計算の速い子と出会うことがあります。そんなとき、「公文やっていた？（もしくは、やっている？）」と聞くと、「うん」と返答されることが経験上多いです。私は公文の関係者ではありませんが、小中学生が計算力を鍛えるために公文に通うことはおすすめです。

■脳科学でも反復の重要性が明らかになっている

本書に載せている暗算術や検算法は、学校の教科書に載っていないものがほとんどです。そのため、暗算術を身につけるとき、その暗算のしかたを「覚える」必要があります。それぞれの暗算術が成り立つ理由は各章末などに載せていますが、暗算のやり方自体は、記憶する必要があるのです。では、どうすれば暗算術を効率よく覚えられるのでしょうか。

その鍵を握るのもやはり「**反復**」です。

計算力向上のために反復が大切であることは先述しましたが、**効率よく記憶するためにも反復が重要**です。

記憶するための反復の重要性は、脳科学の立場からも明らかになっています。東京大学大学院の教授で、脳の専門家である池谷(いけがや)裕二さんによると、人間の記憶に大きく影響するのが、脳の海馬(かいば)という部分で、そのはたらきについて、次のように述べられています。

　コンピューターのようにメモリーを増設できればよいのですが、脳ではそんなわけにはいきません。限られたメモリーをうまく活用するために、脳は「必要な情報」と「必要でない情報」の仕分けをします。裁判官のように情報の「価値」に判決を下すのです。その判定の結果、「必要なものだ」と判断された情報だけが大脳皮質に送られて、そこに長期保管されるわけです。

　では、その仕分け作業、つまり、必要・不必要を判定する「関所役人」とはいったい誰でしょうか。それは脳の「海馬」という場所です。

（池谷裕二『受験脳の作り方』新潮文庫、2011年）

つまり、海馬に「必要な情報だ」と判断されれば、長期にわたって記憶されるということです。そして、海馬に必要だと認めてもらうための方法については、同書に次のように書かれています。

海馬に必要だと認めてもらうには、できるだけ情熱を込めて、ひたすら誠実に何度も何度も繰り返し情報を送り続けるしかないのです。すると海馬は、「そんなにしつこくやって来るのだから必要な情報に違いない」と勘違いして、ついに大脳皮質に情報を通過させるのです。

古来、「学習とは反復の訓練である」と言われてきたのは、脳科学の立場からもまったくその通りだと言えます。

（前掲書）

海馬に何度も何度も情報を送り続けてこそ、脳は長期に記憶できるということです。このように、脳科学においても、「記憶するための反復の重要性」が認められています。

ここまで、計算力向上のため、そして効率のよい記憶のために、反復がいかに重要かを述べてきました。本書も、**反復練習して計算力を高める構成**にしています。反復して練習できるような構成にしたのは、「計算力の強化」という目的に加えて、「暗算術のやり方を記憶する」ためです。何度も反復して練習することで、計算力が鍛えられるだけでなく、初めて習う暗算術を自分の血肉にできるのです。

具体的には、暗算術や検算法の各項目の解説の後に、**練習問題**をつけています。この練習問題を１回だけでなく、反復練習することで、それぞれの暗算術を身につけることができます。反復練習によって、計算のスピードと正確性を鍛えていきましょう。

また、第２章から第７章の各章末に、「**まとめの練習問題**」を載せています。ここで、再度練習することによって、暗算術や検算法がより定着します。

さらに、最終章に「**総まとめテスト**」を設けて、第２章から第７章で習った内容を総復習できる構成にしました。本書の練習問題の構成をまとめると次のようになります。

本書の練習問題の構成

各項目末の練習問題　➡　各章末のまとめの練習問題　➡　最終章の総まとめテスト

この３段階の練習問題を反復練習することによって、本書に載せている暗算術や検算法を、完全にマスターできるような構成にしました。

それでは、いよいよ暗算術の習得に入ります。さまざまな暗算法をマスターして、計算力を磨いていきましょう。

第2章

かけ算の暗算術 その1——九九の拡張

■31×31を一瞬で解く(81通り→171通り)

私たちは、かけ算の基礎である九九の81通りの答えを覚えています。この第2章では、九九の81通りから、徐々に暗算できるかけ算の数を増やし、**最終的に9801通りのかけ算の暗算ができる**ことを目指していきます。言いかえると、「**九九を拡張していく**」と言うことができるでしょう。

ところで、1ケタ×1ケタ、1ケタ×2ケタ、2ケタ×1ケタ、2ケタ×2ケタのすべての計算は、何通りあると思いますか。

これらの計算は全部で、99×99＝9801通りあります。

ですから、第2章では、「**1ケタ×2ケタ、2ケタ×1ケタ、2ケタ×2ケタのすべての計算を暗算できるようになる**」ことが目標となります。

「9801通りの暗算なんてできっこない」と思われるかもしれません。九九の81通りを、100倍以上の9801通りにまで拡張するのですから、そう思うのがむしろ自然な感覚でしょう。

しかし、いきなり9801通りを暗算できるようになるわけではありません。いくつかのステップを経て、徐々に9801通りに近づけていきます。具体的には、次のように拡張していきます。

九九の拡張

81通り→171通り→261通り→981通り→2601通り→9801通り

まずは、暗算できる範囲を、**81通りから171通りに拡張する**方法をお教えしましょう。その方法が、**２ケタの数の２乗計算**ができる「**おみやげ算**」という方法です。

２ケタの数の２乗計算は、10×10、11×11、…99×99の90通りがあります。ですから、おみやげ算ができるようになることで、九九を（81＋90＝）171通りにまで拡張することができます。

例えば、31×31のような２ケタの数の２乗計算を頭の中で計算するのは、なかなか難しいものです。しかし、おみやげ算を使うことで、簡単に解くことができます。31×31を例に解説していきます。

例　31×31＝

（１）31×31の右の「31の一の位の１」をおみやげとして、左の31に渡します。そうすると31×31が32×30になります。

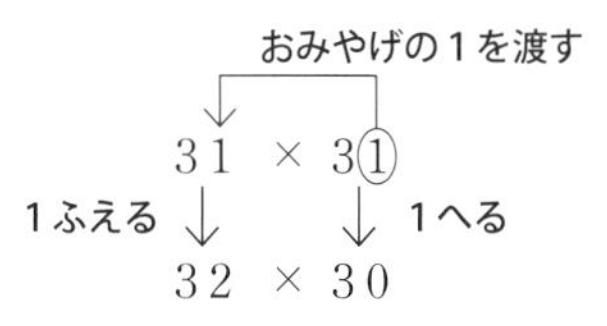

（2）32×30を計算すると960となります。

（3）その960に、おみやげの1を2乗した1をたした961が答えです。

$$960+\underline{1^2}=961$$

おみやげを
2乗する

以上で、31×31＝961の計算ができました。慣れると瞬時に求めることもできるようになります。

> **「おみやげ算」の手順**は、次の通りです。
> （1）右の数から左の数に、一の位の数のおみやげを渡す。
> （2）おみやげを渡した式を計算する。
> （3）（2）で計算した結果におみやげの2乗をたす。

この3つのステップで、2ケタの数の2乗計算ができます。

もう一例、試してみましょう。

例　45×45＝

（1）45×45の右の「45の一の位の5」をおみやげとして、左の45に渡します。そうすると45×45が50×40になります。

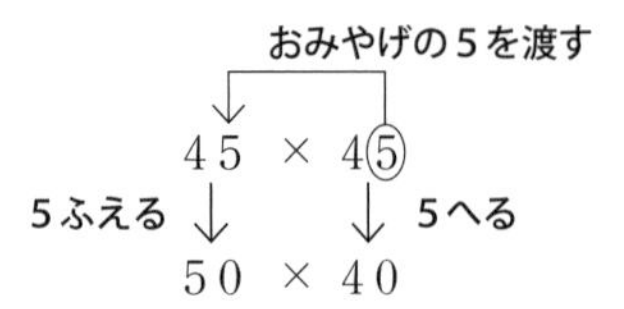

（2）50 × 40を計算すると2000となります。

（3）その2000に、おみやげの5を2乗した25をたした2025が答えです。

$$2000 + 5^2 = 2025$$

おみやげを
2乗する

45 × 45 = 2025と楽に求めることができました。誰にでも簡単にできますので、ぜひともマスターしておきたい暗算法です（おみやげ算によって、2ケタの数の2乗計算ができる理由については、56ページをご参照ください）。

【おみやげ算の練習問題】

次の計算を、おみやげ算を使って暗算しましょう。

（1）23 × 23 =　　　（2）95 × 95 =

（3）14 × 14 =　　　（4）26 × 26 =

（5）55 × 55 =

【練習問題の答え】

（1）◆23 × 23の右の「23の一の位の3」をおみやげとして、左の23に渡します。そうすると23 × 23が26 × 20になります。

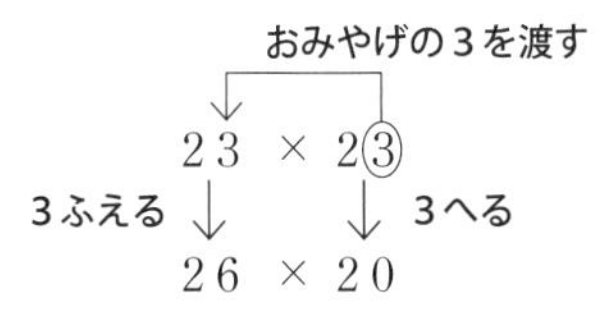

◆26 × 20を計算すると520となります。

◆その520に、おみやげの3を2乗した9をたした529が答えです。

$$520 + \underline{3^2} = 529$$

おみやげを
2乗する

<u>529</u>

（2）◆95 × 95の右の「95の一の位の5」をおみやげとして、左の95に渡します。そうすると95 × 95が100 × 90になります。

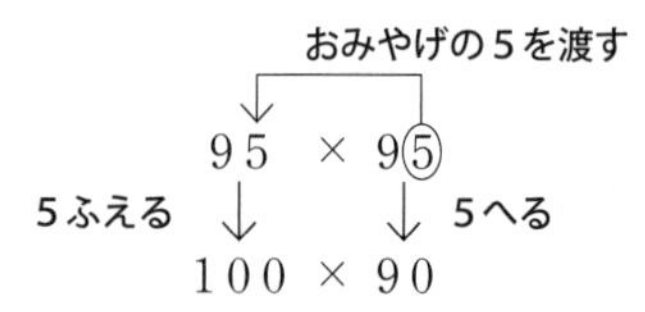

◆100 × 90を計算すると9000となります。

◆その9000に、おみやげの5を2乗した25をたした9025が答えです。

$$9000 + \underline{5^2} = 9025$$

おみやげを
2乗する

<u>9025</u>

（3）◆14 × 14の右の「14の一の位の4」をおみやげとして、左の14に渡します。そうすると14 × 14が18 × 10になります。

おみやげの4を渡す

14 × 14

4ふえる ↓　↓ 4へる

18 × 10

◆18×10を計算すると180となります。

◆その180に、おみやげの4を2乗した16をたした196が答えです。

$180 + \underline{4^2} = 196$

おみやげを
2乗する

<u>196</u>

(4) ◆26×26の右の「26の一の位の6」をおみやげとして、左の26に渡します。そうすると26×26が32×20になります。

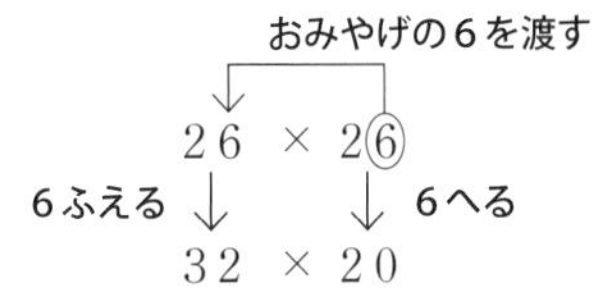

◆32×20を計算すると640となります。

◆その640に、おみやげの6を2乗した36をたした676が答えです。

$640 + \underline{6^2} = 676$

おみやげを
2乗する

<u>676</u>

(5) ◆55×55の右の「55の一の位の5」をおみやげとして、左の55に渡します。そうすると55×55が60×50になります。

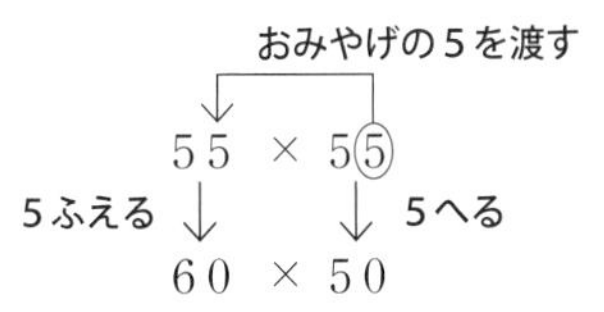

◆ 60 × 50を計算すると3000となります。

◆ その3000に、おみやげの5を2乗した25をたした3025が答えです。

$$3000 + \underline{5^2} = 3025$$

おみやげを
2乗する

3025

■ 19 × 19までを暗記しているインド人

日本では、九九によって、81通りのかけ算の答えを覚えます。一方、IT大国のインドでは、19 × 19までを暗記するそうです。

例えば、17 × 18の計算。日本人は、たいていの場合、これを筆算で解くでしょう。しかし、インド人は計算結果を覚えているため、17 × 18 = 306と瞬時に答えます。日本人が、「さあ、筆算しよう」と、紙とペンを用意する前に、インド人はパッと答えてしまうわけです。計算結果を正しく暗記すれば、答えは必ず正解になります。一方、筆算では計算ミスが発生することがあります。かといって、インド人のように、19 × 19までの答えを暗記してください、とは言いません。暗記するのが大変だからです。

でも、あなたも19 × 19までの答えをパッと暗算できる方法があります。次は、その方法を紹介しましょう。

■ インド人の計算力に追いつける「超おみやげ算」（171通り→261通り）

19×19まで暗記しているインド人のように暗算できるテクニックがあると申し上げました。ここでは、そのテクニックについて、お話ししましょう。

31×31や、45×45の2乗計算ができる「おみやげ算」については、すでに紹介しました。17×12や、18×19のような「**十の位が1の2ケタの数どうしのかけ算**」も、この「おみやげ算」の応用によって暗算することができます。「おみやげ算」を応用した計算法なので、この方法を「**超おみやげ算**」と名づけます。

超おみやげ算ができることによって、新たに90通りの暗算ができるようになります。つまり、おみやげ算との合計で（171＋90＝）261通りの暗算ができるようになるということです。

超おみやげ算により、19×19までの2ケタの数どうしのかけ算なら、何でも暗算できるようになります。ここでは、17×18を例に、超おみやげ算を解説していきます。

例　17×18＝

（1）17×18の右の「18の一の位の8」をおみやげとして、左の17に渡します。そうすると17×18が25×10になります。

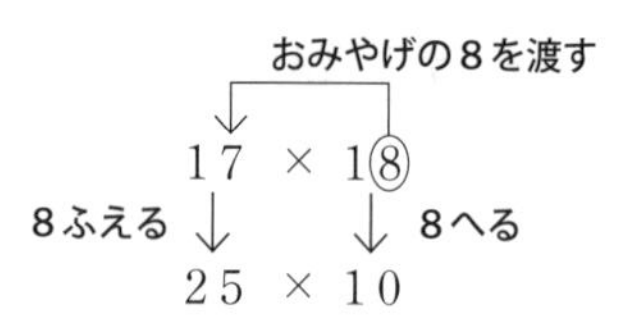

（2）25×10を計算すると250となります。

（3）その250に、「17の一の位の7」と「おみやげの8」をかけた56をたした306が答えです。

これで、17×18＝306と求めることができました。

> **「超おみやげ算」の手順**は、次の通りです。
> （1）右の数から左の数に、一の位の数のおみやげを渡す。
> （2）おみやげを渡した式を計算する。
> （3）（2）で計算した結果に、「左の数の一の位」とおみやげの積（かけ算の答え）をたす。

もう一例試してみましょう。

例　19×14＝

（1）19×14の右の「14の一の位の4」をおみやげとして、左の19に渡します。そうすると19×14が23×10になります。

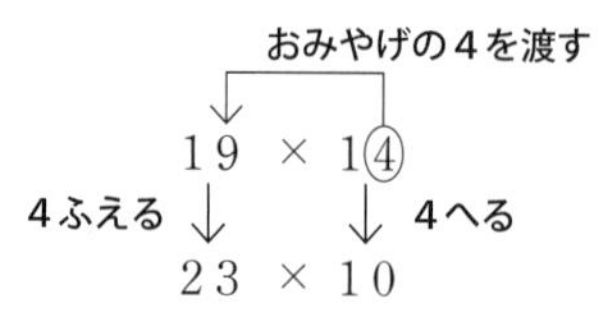

（2）23×10を計算すると230となります。
（3）その230に、「19の一の位の9」と「おみやげの4」をかけた36をたした266が答えです。

これで、19×14＝266と求めることができました。

インド人のように19×19まで暗記しなくても、この**「超おみやげ算」を使えば、19×19までの2ケタの数どうしのかけ算は、パッと答えることができる**ようになります。

17×18や19×14は筆算で解くのがふつうですが、暗算することで、計算のスピードが格段に速くなるのです。

【超おみやげ算の練習問題】

次の計算を、超おみやげ算を使って暗算しましょう。

（1）16×12＝　　（2）14×18＝

（3）13×15＝　　（4）19×18＝

（5）15×17＝

【練習問題の答え】

（1）◆16×12の右の「12の一の位の2」をおみやげとして、左の16に渡します。そうすると16×12が18×10になります。

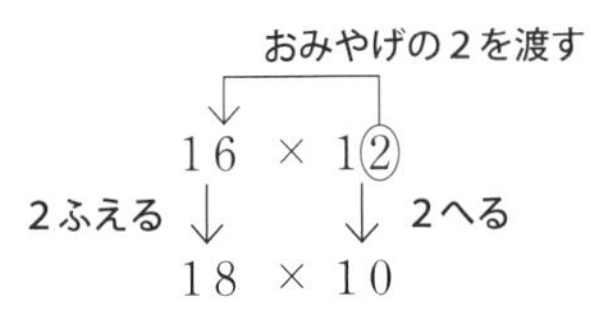

◆18×10を計算すると180となります。

◆その180に、「16の一の位の6」と「おみやげの2」をかけた12をたした192が答えです。

192

（2）◆14×18の右の「18の一の位の8」をおみやげとして、左の14に渡します。そうすると14×18が22×10になります。

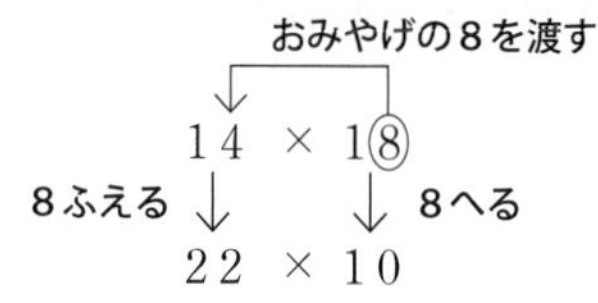

◆22×10を計算すると220となります。

◆その220に、「14の一の位の4」と「おみやげの8」をかけた32をたした252が答えです。

252

（3）◆13×15の右の「15の一の位の5」をおみやげとして、左の13に渡します。そうすると13×15が18×10になります。

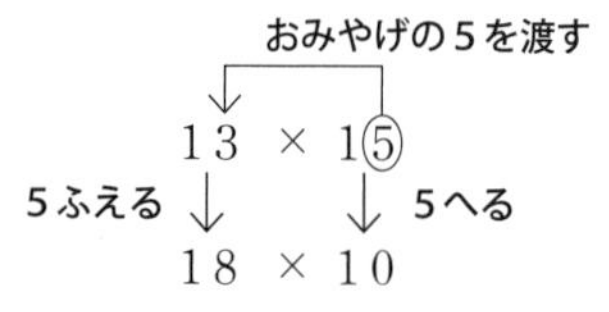

◆18×10を計算すると180となります。

◆その180に、「13の一の位の3」と「おみやげの5」をかけた15をたした195が答えです。

195

（4）◆19×18の右の「18の一の位の8」をおみやげとして、左の19に渡します。そうすると19×18が27×10になります。

おみやげの8を渡す

19 × 18

8ふえる ↓　↓ 8へる

27 × 10

◆27×10を計算すると270となります。

◆その270に、「19の一の位の9」と「おみやげの8」をかけた72をたした342が答えです。

342

（5）◆15×17の右の「17の一の位の7」をおみやげとして、左の15に渡します。そうすると15×17が22×10になります。

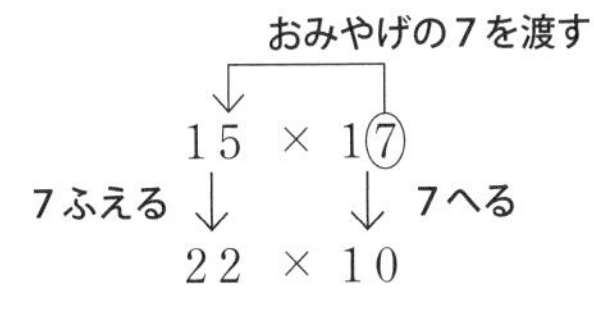

◆22×10を計算すると220となります。

◆その220に、「15の一の位の5」と「おみやげの7」をかけた35をたした255が答えです。

255

■「超おみやげ算」はさらに応用できる（261通り→981通り）

19×19までの2ケタの数どうしのかけ算に「超おみやげ算」が使えることを述べました。しかし、それだけではなく、**「超おみやげ算」は、54×57、92×96、37×33のように、「十の位が同じ2ケタの数どうしのかけ算」ならすべて使える方法**なのです。

このように超おみやげ算を応用することにより、新たに720通りのかけ算の暗算ができるようになります。ですから、合計で、（261＋720＝）981通りの暗算ができるということです。

おみやげ算と超おみやげ算をマスターするだけで、1000通り近くのかけ算を暗算できるようになるということですね。

さっそく例を挙げて解説していきましょう。十の位が同じ2ケタの数どうしのかけ算なら何でもよいのですが、ここでは、37×33を例に計算してみます。

例 37×33＝

（1）37×33の右の「33の一の位の3」をおみやげとして、左の37に渡します。そうすると37×33が40×30になります。

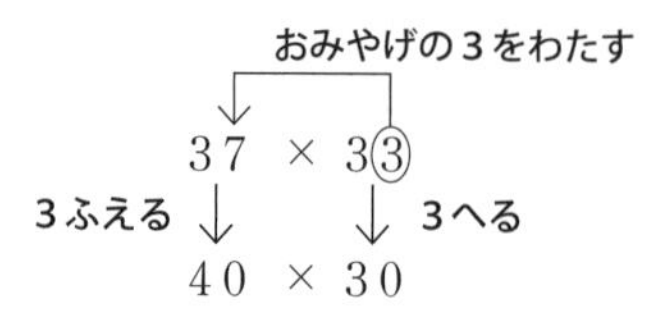

（2）40×30を計算すると1200となります。
（3）その1200に、「37の一の位の7」と「おみやげの3」をかけた21をたした1221が答えです。

これで、37×33＝1221と求めることができました。もう一例試してみましょう。

例　61×64＝

（1）61×64の右の「64の一の位の4」をおみやげとして、左の61に渡します。そうすると61×64が65×60になります。

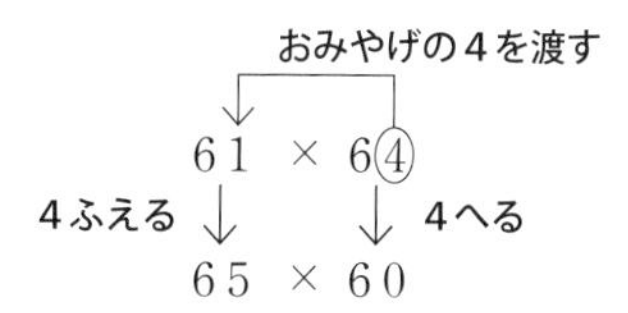

（2）65×60を計算すると3900となります。
（3）その3900に、「61の一の位の1」と「おみやげの4」をかけた4をたした3904が答えです。

これで、61×64＝3904と求めることができました。

このように、「超おみやげ算」を使うことによって、19×19までの2ケタの数どうしのかけ算ができるだけでなく、十の位が同じ2ケタの数どうしのかけ算がすべて暗算できるようになります（超おみやげ算によって、「十の位が同じ2ケタの数どうしのかけ算」が計算できる理由については、57ページをご参照ください）。

当初、9×9までしか暗算できなかったのに、一気に暗算の世界が広がっていることを実感していただけているでしょうか。これが、第2章のテーマである「九九の拡張」です。

このように、テクニックを学ぶごとに暗算の世界は広がっていきます。あなたが暗算できる領域をどんどん広げて、計算力を磨いていきましょう。

【超おみやげ算（応用）の練習問題】

次の計算を、超おみやげ算を使って暗算しましょう。

（1）96×94＝　　（2）22×23＝

（3）72×78＝　　（4）37×31＝

（5）84×81＝

【練習問題の答え】

（1）◆96×94の右の「94の一の位の4」をおみやげとして、左の96に渡します。そうすると96×94が100×90になります。

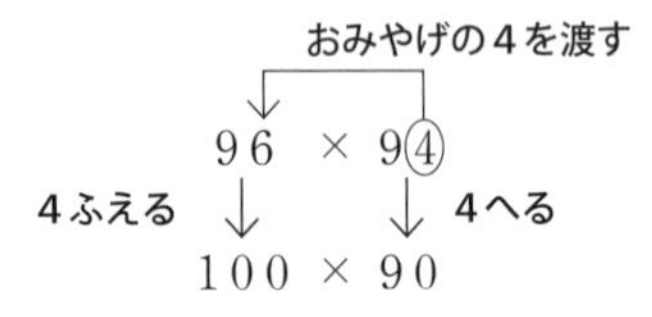

◆100×90を計算すると9000となります。

◆その9000に、「96の一の位の6」と「おみやげの4」をかけた24をたした9024が答えです。

9024

（2）◆22×23の右の「23の一の位の3」をおみやげとして、左の22に渡します。そうすると22×23が25×20になります。

おみやげの3を渡す

22 × 2③

3ふえる ↓　↓ 3へる

25 × 20

◆25×20を計算すると500となります。

◆その500に、「22の一の位の2」と「おみやげの3」をかけた6をたした506が答えです。506

（3）◆72×78の右の「78の一の位の8」をおみやげとして、左の72に渡します。そうすると72×78が80×70になります。

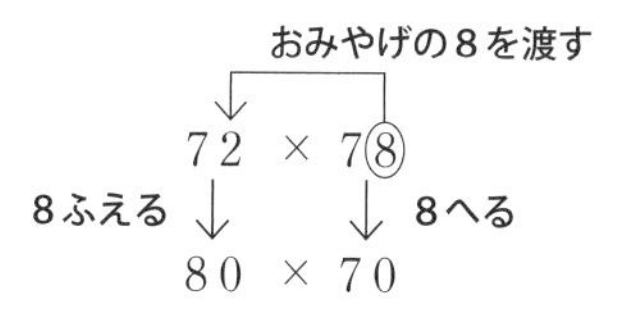

◆80×70を計算すると5600となります。

◆その5600に、「72の一の位の2」と「おみやげの8」をかけた16をたした5616が答えです。

5616

（4）◆37×31の右の「31の一の位の1」をおみやげとして、左の37に渡します。そうすると37×31が38×30になります。

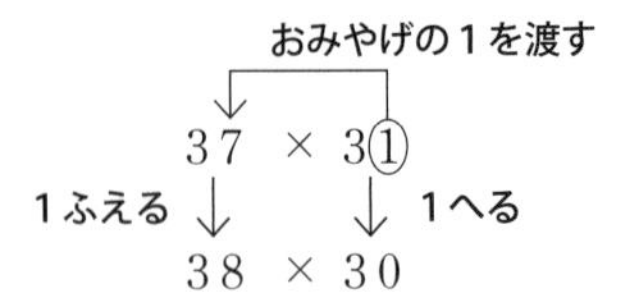

◆38 × 30を計算すると1140となります（38×30は、37ページで習う分配法則を使って、(30＋8)×30＝30×30＋8×30＝900＋240＝1140のように計算すると解きやすいです）。

◆その1140に、「37の一の位の７」と「おみやげの１」をかけた７をたした1147が答えです。

1147

（５）◆84 × 81の右の「81の一の位の１」をおみやげとして、左の84に渡します。そうすると84×81が85 × 80になります。

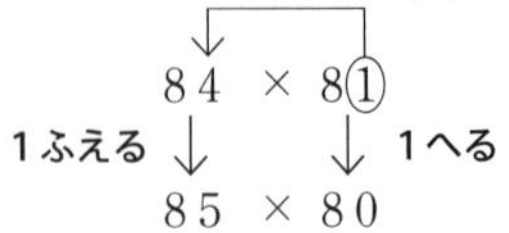

◆85 × 80を計算すると6800となります。

◆その6800に、「84の一の位の４」と「おみやげの１」をかけた４をたした6804が答えです。

6804

■ 2ケタ×1ケタは「分配法則」で解く（981通り→2601通り）

「16×9」や「7×95」のような、2ケタ×1ケタ（1ケタ×2ケタ）のかけ算を、暗算で解くことができるでしょうか。

2ケタ×1ケタと1ケタ×2ケタのかけ算は、全部で1620通りあります。ですから、2ケタ×1ケタ（1ケタ×2ケタ）ができるようになると、合計で、（981＋1620＝）2601通りのかけ算の暗算ができるようになります。

2ケタ×1ケタ（1ケタ×2ケタ）のかけ算は、「**分配法則**」を使えば、楽に暗算することができます。分配法則とは、次のような法則です。

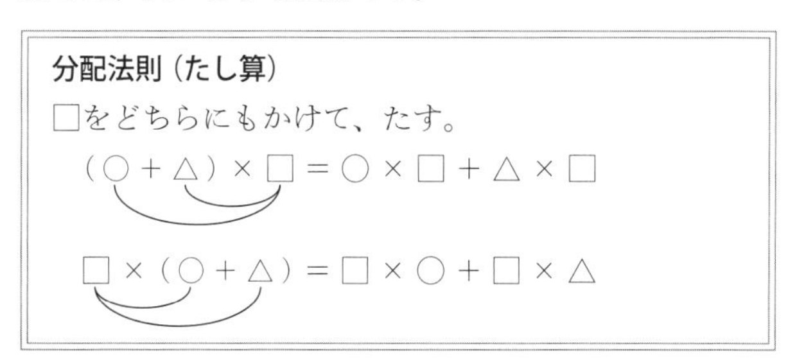

分配法則は、計算における基本的な法則です。ところで、プラス（＋）をマイナス（－）にすると、次のように、引き算の分配法則も成り立ちます。

分配法則（引き算）

□をどちらにもかけて、引く。

$(○ - △) \times □ = ○ \times □ - △ \times □$

$□ \times (○ - △) = □ \times ○ - □ \times △$

例えば、24×8を、分配法則を使って解いてみましょう。まず、**はじめに、24×8＝(20＋4)×8のように、分配法則が使える形に変形するのがポイント**です。

$$
\begin{aligned}
&24 \times 8 \\
&= (20 + 4) \times 8 \\
&= 20 \times 8 + 4 \times 8 \\
&= 160 + 32 \\
&= 192
\end{aligned}
$$

24を20＋4に変形

8をどちらにもかけてたす

この計算過程を、はじめはゆっくりでもよいので、頭の中で暗算できるようになりましょう。反復することで、少しずつ速く暗算できるようになります。

次に、7×32を、分配法則を使って解いてみましょう。これも、**はじめに、7×32＝7×(30＋2) のように、分配法則が使える形に変形するのがポイント**です。

$$
\begin{aligned}
&7 \times 32 \\
&= 7 \times (30 + 2) \\
&= 7 \times 30 + 7 \times 2
\end{aligned}
$$

32を30＋2に変形

7をどちらにもかけてたす

$= 210 + 14$
$= 224$

続いて、79×9を、分配法則を使って解いてみましょう。これも、**はじめに、79×9＝(70＋9)×9のように、分配法則が使える形に変形するのがポイント**です。

79×9
$= (70 + 9) \times 9$　← 79を70＋9に変形
9をどちらにもかけてたす
$= 70 \times 9 + 9 \times 9$
$= 630 + 81$
$= 711$

この計算では、630＋81の計算をややこしく感じた方もいるかもしれません。**79は80に近い数**なので、**79を80－1と変形し、次のように、引き算の分配法則を使えば、楽に暗算できます。**

79×9
$= (80 - 1) \times 9$　← 79を80－1に変形
9をどちらにもかけて引く
$= 80 \times 9 - 1 \times 9$
$= 720 - 9$
$= 711$

このように、たし算と引き算の分配法則を使い分けることで、スムーズに暗算することができます。

【2ケタ×1ケタと1ケタ×2ケタの練習問題】

次の計算を、分配法則を使って暗算しましょう。

（1）$52 \times 6 =$　　（2）$8 \times 64 =$

（3）$95 \times 9 =$　　（4）$18 \times 3 =$

（5）$4 \times 89 =$

【練習問題の答え】

（1）
$$\begin{aligned} & 52 \times 6 \\ &= (50 + 2) \times 6 \\ &= 50 \times 6 + 2 \times 6 \\ &= 300 + 12 = 312 \end{aligned}$$
<u>312</u>

（2）
$$\begin{aligned} & 8 \times 64 \\ &= 8 \times (60 + 4) \\ &= 8 \times 60 + 8 \times 4 \\ &= 480 + 32 = 512 \end{aligned}$$
<u>512</u>

（3）
$$\begin{aligned} & 95 \times 9 \\ &= (90 + 5) \times 9 \\ &= 90 \times 9 + 5 \times 9 \\ &= 810 + 45 = 855 \end{aligned}$$
<u>855</u>

（4）
$$\begin{aligned} & 18 \times 3 \\ &= (10 + 8) \times 3 \\ &= 10 \times 3 + 8 \times 3 \\ &= 30 + 24 = 54 \end{aligned}$$
<u>54</u>

（5）
$$\begin{aligned} & 4 \times 89 \\ &= 4 \times (80 + 9) \end{aligned}$$

$=4\times80+4\times9$

$=320+36=356$　　　　<u>356</u>

（5）の別解

4×89

$=4\times(90-1)$

$=4\times90-4\times1$

$=360-4=356$　　　　<u>356</u>

■すべての2ケタ×2ケタの暗算ができる「2本曲線法」（2601通り→9801通り）

いよいよ、九九の拡張の最後の暗算術に入ります。この暗算術ができることで、9801通りの暗算ができるようになり、第2章の目標を達成することになります。**九九の拡張が完成する**わけです。

ところで、超おみやげ算は、十の位が同じ2ケタの数どうしのかけ算なら、暗算できる方法でした。

しかし、「37×84」や「51×68」のように、十の位が違う場合に、超おみやげ算を使うことはできません。では、十の位が同じ場合も、違う場合も含めた、すべての2ケタ×2ケタのかけ算は、どのように暗算すればよいのでしょうか。

すべての2ケタ×2ケタのかけ算を暗算できるのが、「**2本曲線法**」という方法です。すべての2ケタ×2ケタのかけ算ができれば、さらに7200通りの計算ができるようになります。つまり、（2601＋7200＝）9801通りの暗算ができることになり、九九の拡張が完成します。

まず、35×21を例にして、解説しています。はじめは、紙とペンを使いながら、2本曲線法の手順について一緒に学んでいきましょう。

例　35×21＝

（1）35×21に、次のように、2本の曲線（3と1をつなぐ曲線と、5と2をつなぐ曲線）を描きましょう。

35 × 21 ＝

※ 上記のように、2本の曲線を描いて求めるので、「2本曲線法」といいます。

（2）「35×21＝」の右に、次のように、「□＋□×10＋□」を書きます。真ん中の□にだけ、「×10」がつきます。

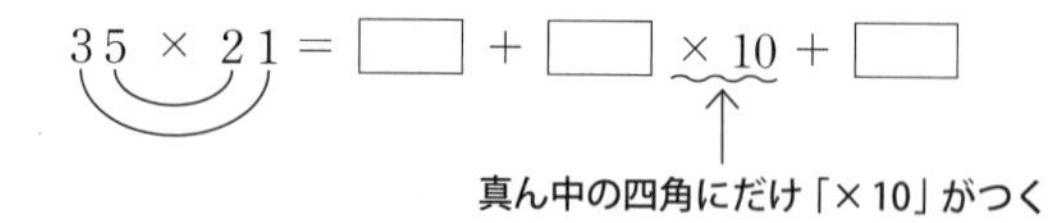

（3）左の□からうめていきます。35と21の一の位をそれぞれ切り捨てた30と20をかけます。30×20＝600なので、600を左の□に入れます。

35 × 21 ＝ 600 ＋ □ × 10 ＋ □

一の位を切り捨て

30 × 20 ＝ 600

（４）真ん中の□をうめます。２本の曲線で結ばれた、３と１、５と２をそれぞれかけると、３×１＝３、５×２＝10になります。その３と10をたした、（３＋10＝）13を、真ん中の□に入れます。

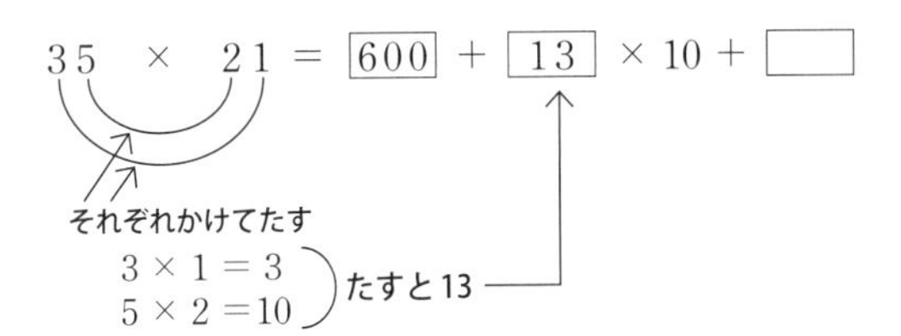

（５）右の□をうめます。35と21のそれぞれの一の位の、５と１をかけます。５×１＝５なので、５を右の□に入れます。

35 × 21 ＝ 600 ＋ 13 × 10 ＋ 5
一の位をかける
5 × 1 ＝ 5

（６）すべての□がうまり、「35×21＝600＋13×10＋5」という式ができました。あとは、これを計算すれば答えが出ます。計算すると、次のようになります。

35×21
＝600＋13×10＋5
＝600＋130＋5
＝735

これにより、「35 × 21 = 735」と求めることができました。はじめは、紙とペンを使って解きながら、手順に慣れてください。手順をマスターしたら、徐々に暗算に挑戦していきましょう。

「2本曲線法」の手順は、次の通りです。
（1） 2本の曲線を描く。
（2） =（イコール）の右に、「□+□×10+□」を書く。
（3）「かける2数の一の位」をそれぞれ切り捨てた2数の積（かけ算の答え）を、左の□に入れる。
（4） 2本の曲線で結ばれた、2組の2数の積の和を、真ん中の□に入れる。
（5）かける2数の一の位の積を、右の□に入れる。
（6）すべての□がうまったので、計算して答えを出す。

もう一例試してみましょう。

例　73 × 89 =

（1）73 × 89 に、次のように、2本の曲線（7と9をつなぐ曲線と、3と8をつなぐ曲線）を描きましょう。

（2）「73 × 89 =」の右に、次のように、「□+

□ × 10 ＋ □」を書きます。真ん中の□にだけ、「× 10」がつきます。

73 × 89 ＝ □ ＋ □ × 10 ＋ □

（３）左の□からうめていきます。73 と 89 の一の位をそれぞれ切り捨てた 70 と 80 をかけます。70 × 80 ＝ 5600 なので、5600 を左の□に入れます。

73 × 89 ＝ 5600 ＋ □ × 10 ＋ □

↓ 一の位を切り捨て ↓　　　↑

70 × 80 ＝ 5600

（４）真ん中の□をうめます。２本の曲線で結ばれた、7 と 9、3 と 8 をそれぞれかけると、7 × 9 ＝ 63、3 × 8 ＝ 24 になります。その 63 と 24 をたした、（63 ＋ 24 ＝）87 を、真ん中の□に入れます。

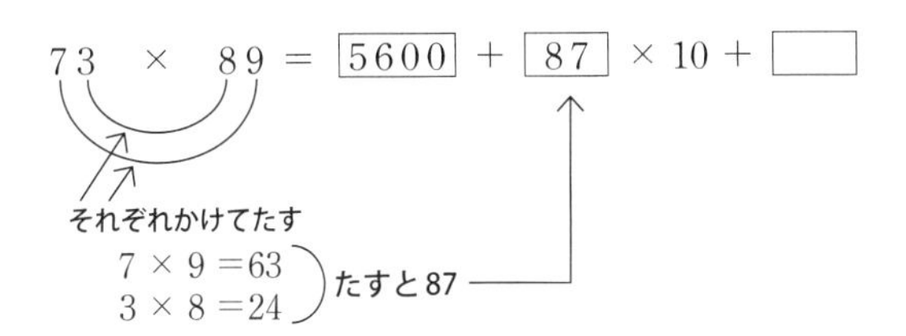

（５）右の□をうめます。73 と 89 のそれぞれの一の位の、3 と 9 をかけます。3 × 9 ＝ 27 なので、

27を右の□に入れます。

$$73 \times 89 = \boxed{5600} + \boxed{87} \times 10 + \boxed{27}$$

一の位をかける

$$3 \times 9 = 27$$

（6）すべての□がうまり、「73 × 89 ＝ 5600 ＋ 87 × 10 ＋ 27」という式ができました。あとは、これを計算すれば答えが出ます。計算すると、次のようになります。

73 × 89
＝5600＋87×10＋27
＝5600＋870＋27（下の※を参照）
＝6497

※ 5600＋870＋27は、先に870＋27＝897と求めて、そのあと、5600＋897＝6497と求めると計算が楽です。

これにより、「73×89＝6497」と求めることができました。

では、練習に入ります。はじめは、ペンをもって、□に書きこみながら、解いてみましょう。

【2本曲線法の練習問題 その1】

次の計算を、2本曲線法を使って解きましょう。

◆ □に書きこみながら、解きましょう。

（１）$27 \times 12 = \square + \square \times 10 + \square$

（２）$34 \times 72 = \square + \square \times 10 + \square$

◆ ２本の曲線や□を、自分で書きながら、解きましょう。

（３）$14 \times 36 =$

（４）$52 \times 68 =$

（５）$97 \times 81 =$

【練習問題の答え】

（１）27×12

$= \boxed{20 \times 10} + \boxed{11} \times 10 + \boxed{14}$

$= 200 + 110 + 14$

$= 324$　　<u>324</u>

※ 一番左の□には、200が入りますが、計算過程がわかりやすいように、$\boxed{20 \times 10}$ としています（以下、同じように表記します）。

（２）34×72

$= \boxed{30 \times 70} + \boxed{34} \times 10 + \boxed{8}$

$= 2100 + 340 + 8$

$= 2448$　　<u>2448</u>

（3）　14×36

$= \boxed{10 \times 30} + \boxed{18} \times 10 + \boxed{24}$

$= 300 + 180 + 24$

$= 504$　　<u>504</u>

（4）　52×68

$= \boxed{50 \times 60} + \boxed{52} \times 10 + \boxed{16}$

$= 3000 + 520 + 16$

$= 3536$　　<u>3536</u>

（5）　97×81

$= \boxed{90 \times 80} + \boxed{65} \times 10 + \boxed{7}$

$= 7200 + 650 + 7$

$= 7857$　　<u>7857</u>

次は、紙とペンと使わず、頭の中で暗算してみましょう。比較的簡単な2ケタ×2ケタを出題します。

【2本曲線法の練習問題 その2】

次の計算を、2本曲線法を使って暗算しましょう。

（1）$16 \times 23 =$　　（2）$35 \times 13 =$

（3）$26 \times 21 =$

【練習問題の答え】

（1）　16×23

$= \boxed{10 \times 20} + \boxed{15} \times 10 + \boxed{18}$

$= 200 + 150 + 18$

$= 368$　　<u>368</u>

（2）　35×13

$= \boxed{30 \times 10} + \boxed{14} \times 10 + \boxed{15}$

$= 300 + 140 + 15$

$= 455$　　　　　　　　<u>455</u>

（3）　26×21

$= \boxed{20 \times 20} + \boxed{14} \times 10 + \boxed{6}$

$= 400 + 140 + 6$

$= 546$　　　　　　　　<u>546</u>

頭の中で暗算することはできたでしょうか。スムーズにできそうなら、自分で問題をつくって、少しずつ数の大きい2ケタ×2ケタに挑戦してください。練習を繰り返すほど、素早く正確に暗算できるようになっていきます（2本曲線法によって、「2ケタ×2ケタのかけ算」が計算できる理由については、58ページをご参照ください）。

■「暗算術の選択」が大事

第2章で習った暗算術は、次の通りです。

- おみやげ算　（2ケタの2乗計算）
- 超おみやげ算（の応用）（十の位が同じ2ケタの数どうしのかけ算）
- 分配法則　（2ケタ×1ケタ、1ケタ×2ケタ）
- 2本曲線法　（すべての2ケタ×2ケタ）

この4つの方法（と九九）により、9801通りもの暗算をすることができるようになり、九九の拡張が完成しました。

ところで、例えば、「27×23」という計算なら、上の4つの方法のうち、どの暗算術で解きますか。

「27×23」は、超おみやげ算（の応用）か、2本曲線法のどちらかで解くことになるでしょう。試しに、すべての2ケタ×2ケタの計算ができる2本曲線法で解くと、次のようになります。

$$
\begin{aligned}
&27\times23\\
&=\boxed{20\times20}+\boxed{20}\times10+\boxed{21}\\
&=400+200+21\\
&=621
\end{aligned}
$$

次に、超おみやげ算で解くと、次のようになります。

$$
\begin{aligned}
&27\times23\\
&=30\times20+7\times3\\
&=621
\end{aligned}
$$

どちらの方法でも、正しい答えの621を導けました。どちらでも解けますが、2本曲線法より、超おみやげ算のほうが、楽に解くことができます。

このように、**どの暗算術を使うかで、解きやすさがかわる**ことをおさえましょう。さらに言うと、**「どの暗算術で解けばいいか」選択して計算する力が大事である**と言うことができます。

第2章で習った暗算では、2本曲線法より、（超）おみやげ算のほうが解きやすいので、十の位が同じ2ケタの数どうしのかけ算は、(超) おみやげ算で計算するようにしましょう。一方、十の位が違う2ケタの数どうしのかけ算は、2本曲線法を使って解くということになります。

では、復習もかねて、それぞれの計算をどの暗算術で解くのがよいか、選択する練習をしてみましょう。

【暗算術選択の練習問題】

次の計算はそれぞれ、おみやげ算、超おみやげ算、分配法則、2本曲線法のうち、どの暗算術で解けば、もっとも計算しやすいか答えてください(計算をする必要はありません)。

(1) 54 × 6 =　　(2) 87 × 82 =

(3) 69 × 75 =　　(4) 24 × 24 =

(5) 5 × 47 =

【練習問題の答え】

(1) 2ケタ×1ケタなので、分配法則

(2) 十の位が同じ2ケタの数どうしのかけ算なので、超おみやげ算

(3) 十の位が違う2ケタの数どうしのかけ算なので、2本曲線法

(4) 2ケタの2乗計算なので、おみやげ算

(5) 1ケタ×2ケタなので、分配法則

■ 第2章まとめの練習問題

では、第２章まとめの練習問題を解いていきましょう。

おみやげ算、超おみやげ算、分配法則、２本曲線法で解く問題をランダムに出していきます。

前のページで述べた通り、**「どの暗算術で解くのが一番楽か」を考えながら計算することが大切**です。慣れないうちは、紙とペンを使って解いてもかまいません。慣れたら、徐々に暗算に切りかえていきましょう。

【第２章まとめの練習問題】

次の計算を暗算しましょう。

（１）$39 \times 31 =$　　（２）$85 \times 85 =$

（３）$77 \times 8 =$　　（４）$15 \times 19 =$

（５）$36 \times 14 =$　　（６）$22 \times 22 =$

（７）$9 \times 48 =$　　（８）$81 \times 84 =$

（９）$62 \times 73 =$　　（10）$3 \times 94 =$

【練習問題の答え】

（１）［超おみやげ算］

39×31

$= 40 \times 30 + 9 \times 1$

$= 1200 + 9 = 1209$　　$\underline{1209}$

（２）［おみやげ算］

85×85

$= 90 \times 80 + 5^2$

$= 7200 + 25 = 7225$　　$\underline{7225}$

（3）［分配法則］

77×8

$= (70 + 7) \times 8$

$= 70 \times 8 + 7 \times 8$

$= 560 + 56 = 616$　　$\underline{616}$

（4）［超おみやげ算］

15×19

$= 24 \times 10 + 5 \times 9$

$= 240 + 45 = 285$　　$\underline{285}$

（5）［2本曲線法］

36×14

$= \boxed{30 \times 10} + \boxed{18} \times 10 + \boxed{24}$

$= 300 + 180 + 24 = 504$　　$\underline{504}$

（6）［おみやげ算］

22×22

$= 24 \times 20 + 2^2$

$= 480 + 4 = 484$　　$\underline{484}$

（7）［分配法則］

9×48

$= 9 \times (40 + 8)$

$= 9 \times 40 + 9 \times 8$

$= 360 + 72 = 432$　　$\underline{432}$

（8）［超おみやげ算］

81×84

$= 85 \times 80 + 1 \times 4$

$= 6800 + 4 = 6804$　　<u>6804</u>

（9）［2本曲線法］

62×73

$= \boxed{60 \times 70} + \boxed{32} \times 10 + \boxed{6}$

$= 4200 + 320 + 6 = 4526$　　<u>4526</u>

（10）［分配法則］

3×94

$= 3 \times (90 + 4)$

$= 3 \times 90 + 3 \times 4$

$= 270 + 12 = 282$　　<u>282</u>

第2章の補足メモ①

九九の拡張について――「何通りか」の詳細

第2章では、九九の81通りを、9801通りまで拡張することを目標としました。それぞれの概要を、もう一度まとめておきます。

① 九九　81通り

⬇

② おみやげ算（2ケタの2乗計算）（さらに90通り）合計 $81 + 90 = 171$通り

⬇

③ 超おみやげ算（十の位が1の2ケタの数どうしのかけ算）（さらに90通り※1）

合計171＋90＝261通り

⬇

④ 超おみやげ算の応用（十の位が同じ2ケタの数どうしのかけ算）（さらに720通り※2）

合計261＋720＝981通り

⬇

⑤ 分配法則（2ケタ×1ケタ、1ケタ×2ケタ）（さらに1620通り）

合計981＋1620＝2601通り

⬇

⑥ 2本曲線法（すべての2ケタ×2ケタ）（さらに7200通り※3）

合計2601＋7200＝9801通り

※1 ③の超おみやげ算で、十の位が1の2ケタの数どうしのかけ算は、全部で100通りあります。そこから②に含まれる、10×10、11×11、…、19×19の2乗計算の10通りを引くと、90通りになります。

※2 ④の「超おみやげ算の応用」で、十の位が同じ2ケタの数どうしのかけ算は、全部で900通りあります。そこから、②と③に含まれる180通りを引くと、720通りになります。

※3 ⑥の2本曲線法で、すべての2ケタ×2ケタの計算は、8100通りあります。そこから、②と③と④に含まれる900通りを引くと、7200通りになります。

第2章の補足メモ②

おみやげ算で2ケタの2乗計算できることの証明

おみやげ算で、2ケタの数の2乗計算ができる理由について見ていきましょう（中学数学の知識が必要です）。

aとbを整数とすると、2ケタの数は、$10a+b$と表すことができます。

そして、2ケタの数の2乗は、$(10a+b)^2$と表せます。これを展開すると、

$$(10a+b)^2 = \mathbf{100a^2+20ab+b^2} \quad \cdots\cdots\cdots\cdots\cdots\cdots ①$$

となります。

一方、2ケタの数$10a+b$の2乗を、おみやげ算によって求めてみましょう。おみやげ算では、まず、右の数から左の数に、一の位の数のおみやげ（b）を渡します。それは、次のように表されます。

$$\begin{aligned}(10a+b)(10a+b) \rightarrow\ &(10a+b+b)10a \\ &=(10a+2b)10a \\ &=100a^2+20ab\end{aligned}$$

次に、この結果に、おみやげの2乗（b^2）をたすと、次のようになります。

$$10a^2+20ab \rightarrow \mathbf{100a^2+20ab+b^2} \quad \cdots\cdots\cdots\cdots\cdots\cdots ②$$

①と②が同じ式になったので、おみやげ算によって、2ケタの数の2乗計算ができることが証明されました。

第2章の補足メモ③
超おみやげ算が成り立つことの証明

超おみやげ算（の応用）によって、「十の位が同じ2ケタの数どうしのかけ算」を計算することができる理由について見ていきます（中学数学の知識が必要です）。

a、b、cを整数とすると、十の位が同じ2ケタの2数は、$10a+b$、$10a+c$と表すことができます。

そして、十の位が同じ2ケタの2数の積は、

$$(10a+b)(10a+c)$$

と表せます。これを展開すると、

$$(10a+b)(10a+c)=\mathbf{100a^2+10ab+10ac+bc} \quad \cdots\cdots\cdots\cdots ①$$

となります。

一方、「十の位が同じ2ケタの数どうしのかけ算」を、超おみやげ算によって求めてみましょう。超おみやげ算では、まず、右の数から左の数に、一の位の数のおみやげ（c）を渡します。それは、次のように表されます。

$$(10a+b)(10a+c) \rightarrow (10a+b+c)10a$$
$$=100a^2+10ab+10ac$$

次に、この結果に、「左の数の一の位（b）」とおみやげ（c）の積bcをたすと、次のようになります。

$$100a^2 + 10ab + 10ac \rightarrow \mathbf{100a^2 + 10ab + 10ac + bc}$$

…………②

①と②が同じ式になったので、超おみやげ算によって、「十の位が同じ２ケタの数どうしのかけ算」を計算できることが証明されました。

第２章の補足メモ④

２本曲線法が成り立つことの証明

２本曲線法によって、「すべての２ケタ×２ケタ」を計算することができる理由についてみていきます（中学数学の知識が必要です）。

a、b、c、dを整数とすると、２ケタの２数は、$10a + b$、$10c + d$と表すことができます。

そして、２ケタの２数の積は、$(10a + b)(10c + d)$と表せます。これを展開して整理すると、

$$(10a + b)(10c + d) = 100ac + 10ad + 10bc + bd$$
$$= 100ac + 10(ad + bc) + bd$$

となります。この結果を２本曲線法の$\boxed{}$と対応させると、

$\boxed{100ac} + \boxed{ad + bc} \times 10 + \boxed{bd}$ ……………………①

となります。

２本曲線法では、まず、「かける２数の一の位」をそ

れぞれ切り捨てた２数の積を、左の□に入れました。「かける２数の一の位」をそれぞれ切り捨てた２数は、$10a$と$10c$なので、これをかけると、

$$10a \times 10c = 100ac$$

となり、①の左の□と一致します。

２本曲線法では、次に、２本の曲線で結ばれた「２組の２数の積の和」を真ん中の□に入れます。２本の曲線で結ばれた「２組の２数の積」はadとbcなので、これらの和$ad + bc$は、①の真ん中の□と一致します。

２本曲線法では、最後に、「かける２数の一の位の積」を、右の□に入れます。かける２数の一の位の積はbdなので、これは、①の右の□と一致します。

以上により、２本曲線法によって「すべての２ケタ × ２ケタ」を計算できることが証明されました。

不思議な数と計算のコラム①

神秘的な数と計算

数や計算の世界では、「どうしてこんな数があるの？」「なぜこんな答えになるの？」と驚く不思議がたくさんあります。そんな中でも、特に私の印象に残っているものを３つご紹介しましょう。

（1）1÷9801＝

これを計算すると、次のようになります。

1÷9801＝0.00 01 02 03 04 05 06 07 08 09
10 11 12 13 14 15 16 17 18 19
20 21 22 23 24 25 26 27 28 29
30 31 32 33 34 35 36 37 38 39
40 41 42 43 44 45 46 47 48 49
50 51 52 53 54 55 56 57 58 59
60 61 62 63 64 65 66 67 68 69
70 71 72 73 74 75 76 77 78 79
80 81 82 83 84 85 86 87 88 89
90 91 92 93 94 95 96 97 99 00
01 02 03 04 05 …

神秘的と言ってもいいくらい不思議ですね。98だけが欠けているのも興味深いところです。

（2）3912657840

3912657840という数は、1、2、3、4、5、6、7、8、9のどの数でも割っても割り切れます。

それだけではなく、3912657840に含まれる、どの隣り合う2ケタの数（39、91、12、26、65、57、78、84、40）で割っても割り切れます。

そしてよく見ると、この数は、0から9の数字を1個ずつ使った数です。世の中には不可思議な数があるものですね。

（3）27と37の不思議な関係

まず、この27と37をかけると、27×37＝999というように、9が並びます。また、1を27と37でそれぞれ割ると、次のようになります。

1÷27＝0.037037037…
1÷37＝0.027027027…

1をそれぞれ割ると、上記のように、互いの数が小数の中に繰り返されるという不思議な性質が見つかります。また、37を27で割ると、37÷27＝1.37037037…というように、また37（0）が繰り返されます。

以上、不思議な数と計算について見てきました。これ以外にも、数や計算の世界には、神秘的な性質をもつものがたくさんあるので、調べてみるのも面白いでしょう。

第3章

かけ算の暗算術 その2
———かけ算のさまざまな暗算術

■ かっこ暗算術と並べ替える暗算術

第2章では、九九の拡張について見てきました。第2章で学んだ計算法以外にも、さまざまなかけ算の暗算術があるので、それらを第3章で紹介していきます。まず、次の例題を見てください。

例 $7 \times 35 \times 2 =$

この計算を、左から順に解くと、次のように少しややこしい計算になります。

$$7 \times 35 \times 2$$
$$= 245 \times 2 = 490$$

ここで、「**かけ算だけの式は、どこにかっこをつけても答えは同じ**」という性質を使うと、この計算は簡単に解けます。次のように、35×2のところにかっこをつければよいのです。

$$7 \times 35 \times 2$$
$$= 7 \times (35 \times 2)$$ **←かっこをつける**

$= 7 \times 70$
$= 490$

このように、かけ算だけの式は、計算しやすいところにかっこをつけることによって、スムーズに解ける場合があります。この性質を利用して解く方法を、「**かっこ暗算術**」と名づけます。では、次の例題にいきましょう。

例　$28 \times 6 \times 5 =$

この計算も左から解くとややこしいですが、次のように、6×5のところにかっこをつけると、暗算でも解くことができます。

$28 \times 6 \times 5$
$= 28 \times (6 \times 5)$ **←かっこをつける**
$= 28 \times 30$ ←（※）
$= 840$

（※）の計算は、分配法則を使って求めましょう。まず、「$28 \times 3 = (20 + 8) \times 3 = 20 \times 3 + 8 \times 3 = 84$」と計算します。それにより、$28 \times 30 = 840$であることがわかります。

さらに、もう一例見てみましょう。

例　$7 \times 5 \times 12 \times 25 \times 2 =$

この計算では、次のように２段階でかっこをつけると、暗算でも解くことができます。

$$
\begin{aligned}
&7 \times 5 \times 12 \times 25 \times 2 \\
&= 7 \times (5 \times 12) \times (25 \times 2) \quad \text{←かっこをつける} \\
&= 7 \times 60 \times 50 \\
&= 7 \times (60 \times 50) \quad \text{←かっこをつける} \\
&= 7 \times 3000 \\
&= 21000
\end{aligned}
$$

また、かけ算だけの式の計算には、もうひとつの性質を使うこともできます。その性質について解説するために、次の例題を見てください。

例　$15 \times 9 \times 4 =$

この計算を、左から順に解くと、次のように少しややこしい計算になります。

$$
\begin{aligned}
&15 \times 9 \times 4 \\
&= 135 \times 4 \\
&= 540
\end{aligned}
$$

一方、「**かけ算だけの式は、数を並べ替えても答えは変わらない**」という性質を使うと、この計算は簡単に解けます。9と4を次のように並べ替えて計算すればよいのです。

$$
\begin{aligned}
&15 \times 9 \times 4 \\
&= 15 \times 4 \times 9 \quad \text{←9と4を並べ替える} \\
&= 60 \times 9 \\
&= 540
\end{aligned}
$$

このように、かける数を並べ替える性質を使うと、計算が楽になる場合があります。この性質を利用して解く方法を、「**並べ替える暗算術**」と名づけます。では、次の例題にいきます。

例　$4 \times 982 \times 25 =$

この計算も左から解くとややこしいですが、次のように、982と25を並べ替えると、暗算でも解くことができます。

$4 \times 982 \times 25$
$= 4 \times 25 \times 982$　←982と25を並べ替える
$= 100 \times 982$
$= 98200$

最後に、もう一例見ておきましょう。

例　$15 \times 81 \times 250 \times 2 \times 4 =$

一見複雑そうな計算に見えますが、「かっこ暗算術」と「並べ替える暗算術」を組み合わせると、次のように簡単に解くことができます。

$15 \times 81 \times 250 \times 2 \times 4$
$= 81 \times 15 \times 2 \times 250 \times 4$　←並べ替える
$= 81 \times (15 \times 2) \times (250 \times 4)$　←かっこをつける
$= 81 \times 30 \times 1000$
$= 2430 \times 1000$
$= 2430000$

では、「かっこ暗算術」と「並べ替える暗算術」を練習しましょう。

【「かっこ暗算術」と「並べ替える暗算術」の練習問題】

次の計算を暗算しましょう。

（1）$11 \times 45 \times 20 =$　　（2）$7 \times 8 \times 15 =$

（3）$6 \times 72 \times 5 =$　　（4）$3 \times 92 \times 2 =$

（5）$14 \times 26 \times 5 \times 5 =$

【練習問題の答え】

（1）［かっこ暗算術］

$11 \times 45 \times 20$

$= 11 \times (45 \times 20)$　←かっこをつける

$= 11 \times 900 = 9900$　　<u>9900</u>

（2）［かっこ暗算術］

$7 \times 8 \times 15$

$= 7 \times (8 \times 15)$　←かっこをつける

$= 7 \times 120 = 840$　　<u>840</u>

（3）［並べ替える暗算術］

$6 \times 72 \times 5$

$= 6 \times 5 \times 72$　←並べ替える

$= 30 \times 72 = 2160$　　<u>2160</u>

（4）［並べ替える暗算術］

$3 \times 92 \times 2$

$= 3 \times 2 \times 92$　←並べ替える

$= 6 \times 92 = 552$　　<u>552</u>

（5）［かっこ暗算術］と［並べ替える暗算術］

$14 \times 26 \times 5 \times 5$

$= 14 \times 5 \times 26 \times 5$　←並べ替える

$= (14 \times 5) \times (26 \times 5)$　←かっこをつける

$= 70 \times 130 = 9100$　<u>9100</u>

■「一の位が5の数に偶数をかける」暗算術

第2章で、2ケタ×2ケタの暗算法として、2本曲線法を紹介しました。ただ、2本曲線法を少しややこしいと感じた方もいらっしゃるのではないでしょうか。

2ケタ×2ケタの計算のなかでも、「一の位が5の数に偶数をかける」計算は、2本曲線法を使わなくても楽に解くことができます。例題を解きながら、解説していきます。

例　$45 \times 16 =$

45×16は、「一の位が5の数×偶数」の計算です。この計算では、2の倍数の16を2×8に変形して、次のように解くと楽に計算することができます。

45×16

$= 45 \times 2 \times 8$　←16を2×8に変形

$= 90 \times 8$　←45×2＝90を計算

$= 720$

これで、45×16＝720と求めることができました。この方法のポイントは、**2の倍数を「2×□」（または「□×2」）の形に変形する**ことです。次の例題を見てください。

例　28×35＝

28×35は、「偶数×一の位が5の数」の計算です。この計算では、2の倍数の28を14×2に変形して、次のように解くと楽に計算することができます。ひとつ前の項目で紹介した、かっこ暗算術も利用します。

$$
\begin{aligned}
&28 \times 35 && \text{（28を14×2に変形）}\\
&= 14 \times 2 \times 35 && \text{（2×35にかっこをつける）}\\
&= 14 \times (2 \times 35) && \text{（2×35＝70を計算）}\\
&= 14 \times 70\\
&= 980
\end{aligned}
$$

これで、28×35＝980と求めることができました。最後に、もう一例見ておきましょう。

例　55×14×36×25＝

この計算も、次のように、かっこ暗算術を使いながら解くのがポイントです。

$$
\begin{aligned}
&55 \times 14 \times 36 \times 25 && \text{（かっこをつける）}\\
&= (55 \times 14) \times (36 \times 25) && \text{（偶数を2×□に変形）}\\
&= (55 \times 2 \times 7) \times (18 \times 2 \times 25) && \text{（かっこをつける）}\\
&= (110 \times 7) \times \{18 \times (2 \times 25)\}\\
&= 770 \times (18 \times 50)
\end{aligned}
$$

$= 770 \times 900$
$= 693000$
（77×9＝693に0を3つつける）

計算の過程が少し難しかったでしょうか。このような計算を、暗算で解くことができるようになれば、暗算が上達している証拠です。ちなみに、36×25の計算は、36を９×４に分解して、次のように解くこともできます。

36×25
$= 9 \times 4 \times 25$
$= 9 \times (4 \times 25)$
$= 9 \times 100 = 900$

こちらのほうが楽に感じる方も多いでしょう。では、「一の位が５の数に偶数をかける」暗算術の練習をしましょう。

【「一の位が５の数に偶数をかける」暗算術の練習問題】

次の計算を暗算しましょう。

（１）15×24＝　　（２）38×25＝

（３）45×92＝　　（４）16×55＝

（５）32×25×15×34＝

【練習問題の答え】

（１）　15×24
$= 15 \times 2 \times 12$
$= 30 \times 12 = 360$　　360

（2）　38×25

$= 19 \times 2 \times 25$

$= 19 \times (2 \times 25)$

$= 19 \times 50 = 950$　　<u>950</u>

（3）　45×92

$= 45 \times 2 \times 46$

$= 90 \times 46 = 4140$　　<u>4140</u>

（4）　16×55

$= 8 \times 2 \times 55$

$= 8 \times (2 \times 55)$

$= 8 \times 110 = 880$　　<u>880</u>

（5）　$32 \times 25 \times 15 \times 34$

$= (32 \times 25) \times (15 \times 34)$

$= (16 \times 2 \times 25) \times (15 \times 2 \times 17)$

$= \{16 \times (2 \times 25)\} \times (30 \times 17)$

$= (16 \times 50) \times 510$

$= 800 \times 510 = 408000$　　<u>408000</u>

■ 11をかける暗算術

2ケタの数に11をかける計算は、瞬時に計算できます。

例　$35 \times 11 =$

まず、35の十の位の3が、答えの百の位になります。35の一の位の5が、答えの一の位になります。そして、3と5をたした8が、答えの十の位になります。これだけで、35×11＝385と求めることができます。

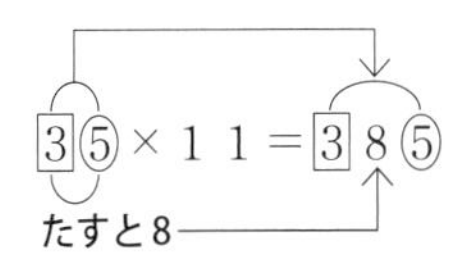

この方法で計算できる理由は、35×11の筆算を書くとすぐにわかります。

$$\begin{array}{r} 3\ 5 \\ \times\ 1\ 1 \\ \hline 3\ 5 \\ 3\ 5\ \ \\ \hline 3\ 8\ 5 \end{array}$$

↑

3と5をたす

35×11の筆算を見ると、３と５をたした８が答えの十の位になる理由がわかりますね。この計算法を利用すれば、例えば、52×11なら572と瞬時に計算することができます。

ところで、次のような疑問をもつ方もいるかもしれません。

「計算のしかたはわかったが、75×11のように、たすと10以上になる場合はどうしたらいいのか？」

この疑問に答えるために、75×11を解きながら解説します。

例　75×11＝

７と５をたすと12で、10以上となります。この場合、

7に「12の十の位の1」をたした8が、答えの百の位になります。そして、12の一の位の2が、答えの十の位になります。75の一の位の5は、そのまま答えの一の位となります。これで、75×11＝825と求めることができます。

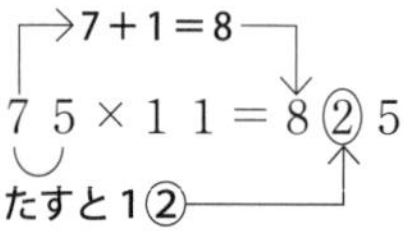

7＋1＝8

7 5 × 1 1 ＝ 8 ② 5

たすと1②

7に1をたした8が答えの百の位になる理由は、次のように筆算を書くとわかります。

```
  7 5
× 1 1
-----
  7 5
7 5
-----
8 2 5
↑
7と1をたす
```

7と5をたすと12となり、1が百の位に繰り上がるから、7に1をたす必要があるのです。もう一例見てみましょう。

例　96×11＝

9と6をたすと15で、今回も10以上となります。9に「15の十の位の1」をたした10が、答えの千の位と百の位になります。そして、15の一の位の5が、答えの十の位になります。96の一の位の6は、そのまま答えの一の位となります。これで、$96 \times 11 = 1056$ と求めることができます。

9＋1＝10
9 6 × 1 1 ＝ 1 0 ⑤ 6
たすと1⑤

この計算法を使うと、次のような計算も暗算で解くことができるようになります。

例　$85 \times 22 =$

ひとつ前に紹介した「一の位が5の数に偶数をかける」暗算術と、11をかける暗算術を使うと、次のように計算できます。

$$
\begin{aligned}
& 85 \times 22 \\
&= 85 \times 2 \times 11 \quad \text{(22を}2\times 11\text{に変形)} \\
&= 170 \times 11 \quad (85\times 2 = 170\text{を計算}) \\
&= 1870 \quad (17\times 11 = 187\text{に0をつける})
\end{aligned}
$$

では、11をかける暗算術を練習しましょう。

【11をかける暗算術の練習問題】

次の計算を暗算しましょう。

（1）$25 \times 11 =$　（2）$79 \times 11 =$

（3）$11 \times 93 =$　（4）$22 \times 65 =$

（5）$82 \times 55 =$

【練習問題の答え】

（1） $25 \times 11 = 275$ 　 275

（2） $79 \times 11 = 869$ 　 869

（3） $11 \times 93 = 1023$ 　 1023

（4） 22×65

$= 11 \times 2 \times 65$

$= 11 \times (2 \times 65)$

$= 11 \times 130 = 1430$ 　 1430

（5） 82×55

$= 41 \times 2 \times 55$

$= 41 \times (2 \times 55)$

$= 41 \times 110 = 4510$ 　 4510

■第3章まとめの練習問題

では、第3章まとめの練習問題を解いていきましょう。

かっこ暗算術、並べ替える暗算術、「一の位が5の数に偶数をかける」暗算術、11をかける暗算術で解く問題と、それらを組み合わせて解く問題をランダムに出題します。

慣れないうちは、紙とペンを使って解いてもかまいません。慣れたら、徐々に暗算に切りかえていきましょう。

【第3章まとめの練習問題】

次の計算を暗算しましょう。

（1）$25 \times 81 \times 2 =$　　（2）$15 \times 35 \times 4 \times 16 =$

（3）$11 \times 53 =$　　（4）$18 \times 75 =$

（5）$55 \times 54 =$　　（6）$9 \times 5 \times 62 =$

（7）$92 \times 11 =$　　（8）$105 \times 16 =$

（9）$33 \times 12 =$　　（10）$22 \times 16 \times 3 \times 25 =$

【練習問題の答え】

（1）［並べ替える暗算術］

$25 \times 81 \times 2$

$= 25 \times 2 \times 81$

$= 50 \times 81 = 4050$　　$\underline{4050}$

（2）［かっこ暗算術］［並べ替える暗算術］

［「一の位が5の数に偶数をかける」暗算術］

$15 \times 35 \times 4 \times 16$

$= 15 \times 4 \times 35 \times 16$

$= (15 \times 4) \times (35 \times 16)$

$= 60 \times (35 \times 2 \times 8)$

$= 60 \times (70 \times 8)$

$= 60 \times 560 = 33600$　　$\underline{33600}$

（3）［11をかける暗算術］

$11 \times 53 = 583$　　$\underline{583}$

（4）［かっこ暗算術］

［「一の位が5の数に偶数をかける」暗算術］

18×75

$= 9 \times 2 \times 75$

$=9\times(2\times75)$

$=9\times150=1350$ <u>1350</u>

（５）［「一の位が５の数に偶数をかける」暗算術］

［11をかける暗算術］

55×54

$=55\times2\times27$

$=110\times27=2970$ <u>2970</u>

（５）の別解 ［かっこ暗算術］［11をかける暗算術］

55×54

$=11\times5\times54$

$=11\times(5\times54)$

$=11\times270=2970$ <u>2970</u>

（６）［かっこ暗算術］

$9\times5\times62$

$=9\times(5\times62)$

$=9\times310=2790$ <u>2790</u>

（７）［11をかける暗算術］

$92\times11=1012$ <u>1012</u>

（８）［「一の位が５の数に偶数をかける」暗算術］

105×16

$=105\times2\times8$

$=210\times8=1680$ <u>1680</u>

※「一の位が５の数に偶数をかける」暗算術は、（８）のように、３ケタ以上のかけ算の暗算で使える場合もあります。

（9）［11をかける暗算術］［かっこ暗算術］

33×12
$= 11 \times 3 \times 12$
$= 11 \times (3 \times 12)$
$= 11 \times 36 = 396$　　$\underline{396}$

（10）［かっこ暗算術］［並べ替える暗算術］
［「一の位が5の数に偶数をかける」暗算術］
［11をかける暗算術］

$22 \times 16 \times 3 \times 25$
$= 22 \times 3 \times (16 \times 25)$
$= 22 \times 3 \times \{4 \times (4 \times 25)\}$
$= 22 \times 3 \times (4 \times 100)$
$= 22 \times (3 \times 400)$
$= 22 \times 1200$
$= 11 \times (2 \times 1200)$
$= 11 \times 2400 = 26400$　　$\underline{26400}$

カプレカ数「6174」

「カプレカ数」と呼ばれる数があります。

例を挙げて説明しましょう。ここで、4ケタの数を任意にひとつ選びます（ただし、1111の倍数は除きます）。ここでは、8125を例に考えます。

この8125のケタを並べ替えて、最大の数から最小の数を引きます。8125のケタを並べ替えた最大の数は8521で、最小の数は1258なので、引くと次のようになります。

8521－1258＝7263

そして、この操作を繰り返します。

7632－2367＝5265
6552－2556＝3996
9963－3699＝6264
6642－2466＝4176
7641－1467＝6174

これ以降は、7641－1467＝6174で、ずっと6174が続きます。この6174のような性質をもつ数をカプレカ数と言います。1111の倍数以外のどの4ケタの数で試しても、最終的には6174になりますので、試してみてください（最終的に6174になることの証明は複雑になるため、省略します）。ちなみに、2047のように0を含む場合は、7420－0247、つまり7420－247のように計算します。

ところで、3ケタの数にもカプレカ数があります。それは何だと思いますか。100ページのコラム③でご紹介します。

第４章 たし算と引き算の暗算術

■ ２ケタ＋２ケタの暗算術

57＋68や、82＋15のような、２ケタの数どうしのたし算は、大きく２つに分けることができます。

それは、「**一の位が繰り上がる場合**」と「**一の位が繰り上がらない場合**」です。57＋68は、一の位が繰り上がります。一方、82＋15は、一の位が繰り上がりません。

「一の位が繰り上がらない場合」の２ケタの数どうしのたし算は、簡単に暗算できます。例えば、82＋15なら、十の位と一の位をそれぞれたして、82＋15＝97と簡単に答えが求められます。

一方、「一の位が繰り上がる場合」の２ケタの数どうしのたし算の暗算は、苦手にしている方もいるのではないでしょうか。しかし、これも次の手順によって、簡単に暗算できます。

「一の位が繰り上がる場合」の「２ケタ＋２ケタ」の暗算手順

（１）十の位どうしの和に、１をたす → その数が、「答えの（百の位と）十の位」になる。

（２）「一の位どうしの和」の一の位が、「答えの一の位」になる。

57＋68を例に、解説します。

例 57＋68＝

（1）十の位どうしの和に、1をたすと、5＋6＋1＝12になります。この12が、答えの百の位と十の位になります。

⑤7＋⑥8 ＝12□

5＋6 ＋1 ＝ 12

1をたす

（2）一の位どうしの和は、7＋8＝15です。この15の一の位の5が、「答えの一の位」になります。

5⑦＋6⑧＝125

7＋8＝1⑤

これにより、57＋68＝125と求めることができました。それほど複雑ではないので、頭の中で計算することも可能でしょう。

2ケタの数どうしのたし算では、まず一の位が繰り上がるかどうか確認して、繰り上がるようなら、この解き方で解けばよいのです。もう一例見ておきましょう。

例 38＋49＝

（1）十の位どうしの和に、1をたすと、3＋4＋1＝8になります。この8が、答えの十の位になります。

③8＋④9＝8□

3＋4＋1＝8

1をたす

（2）一の位どうしの和は、8＋9＝17です。この17の一の位の7が、「答えの一の位」になります。

3⑧＋4⑨＝87

8＋9＝1⑦

これにより、38＋49＝87と求めることができました。

では、2ケタの数どうしのたし算の暗算練習をしましょう。練習のため、一の位が繰り上がる場合と、繰り上がらない場合をランダムに出題します。

【2ケタ＋2ケタの練習問題】

次の計算を暗算しましょう。

（1）25＋78＝　　（2）81＋15＝

（3）58＋32＝　　（4）76＋41＝

（5）96＋85＝

【練習問題の答え】

（1）一の位が繰り上がる

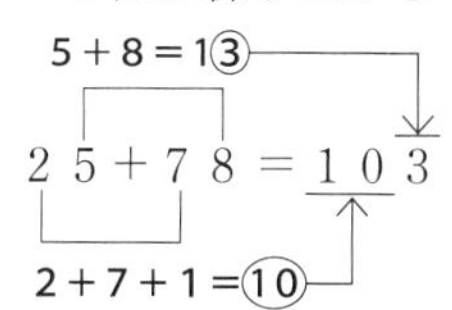

103

（2）一の位が繰り上がらない→十の位と一の位をそれぞれたす

81 + 15 = 96　　　　96

（3）一の位が繰り上がる

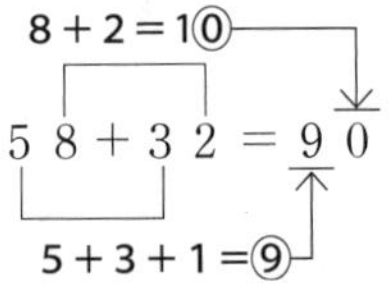

8 + 2 = 1⓪

5 8 + 3 2 = 9 0

5 + 3 + 1 = ⑨

90

（4）一の位が繰り上がらない→十の位と一の位をそれぞれたす

76 + 41 = 117　　　　117

（5）一の位が繰り上がる

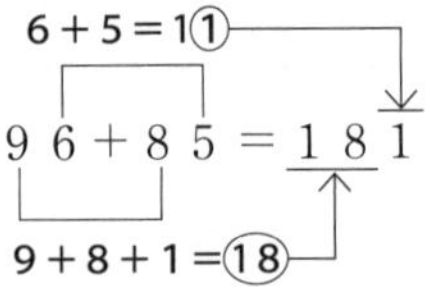

6 + 5 = 1①

9 6 + 8 5 = 1 8 1

9 + 8 + 1 = ⑱

181

■ 3ケタ+2ケタ、3ケタ+3ケタの暗算術

ひとつ前の項目で習った「2ケタ＋2ケタの暗算術」を応用すると、3ケタ＋2ケタ（2ケタ＋3ケタ）も暗算することができます。529＋87を例に解説します。

例　529 + 87 =

（1）529を500＋29に分解します。

$$529+87$$
$$=500+(29+87)$$

（2）29＋87を、「2ケタ＋2ケタの暗算術」で解いて、その結果に500をたします。

$$529+87$$
$$=500+(29+87)$$
$$=500+116$$
$$=616$$

これで、529＋87＝616と解くことができました。ようは、529を500＋29に分解して、あとは「2ケタ＋2ケタの暗算術」で解けばよいのです。この計算過程を暗算できるように練習していきましょう。

ほぼ同じ要領で、3ケタ＋3ケタも解くことができます。453＋378を例に解説します。

例　453＋378＝

（1）453を400＋53に、378を300＋78にそれぞれ分解します。400と300を先にたして、700とします。

$$453+378$$
$$=400+53+300+78$$
$$=700+(53+78)$$

（2）53＋78を、「2ケタ＋2ケタの暗算術」で解いて、その結果に700をたします。

$453 + 378$
$= 400 + 53 + 300 + 78$
$= 700 + (53 + 78)$
$= 700 + 131$
$= 831$

これで、453＋378＝831と解くことができました。3ケタ＋2ケタと3ケタ＋3ケタのどちらも、**百の位と十の位以下を分けて考えることがポイント**です。では、3ケタ＋2ケタ（2ケタ＋3ケタ）と、3ケタ＋3ケタの練習をしてみましょう。

【3ケタ＋2ケタ、3ケタ＋3ケタの練習問題】

次の計算を暗算しましょう。

（1）635＋78＝　　（2）56＋588＝

（3）489＋227＝　　（4）368＋942＝

（5）775＋876＝

【練習問題の答え】

（1）
$635 + 78$
$= 600 + (35 + 78)$
$= 600 + 113$
$= 713$

<u>713</u>

（2）
$56 + 588$
$= (56 + 88) + 500$
$= 144 + 500$

=644　　　　　　　　　　　　　　　　644

（3）　489＋227

=400＋89＋200＋27

=600＋(89＋27)

=600＋116

=716　　　　　　　　　　　　　　　　716

（4）　368＋942

=300＋68＋900＋42

=1200＋(68＋42)

=1200＋110

=1310　　　　　　　　　　　　　　　1310

（5）　775＋876

=700＋75＋800＋76

=1500＋(75＋76)

=1500＋151

=1651　　　　　　　　　　　　　　　1651

■ 4ケタ＋4ケタの暗算術

「2ケタ＋2ケタの暗算術」を応用すれば、4ケタ＋4ケタの暗算もできるようになります。5963＋2489を例に解説します。5963と2489をそれぞれ次のように2ケタずつに分けるイメージで解いていきます。

59｜63　＋　24｜89

例　5963＋2489＝

（１）5963を5900＋63に、2489を2400＋89に、それぞれ分解します。

5963＋2489
＝5900＋63＋2400＋89

（２）5900＋2400と63＋89を、「２ケタ＋２ケタの暗算術」を使ってそれぞれ解いて、それらをたします。

5963＋2489
＝5900＋63＋2400＋89
＝(5900＋2400)＋(63＋89)
＝8300＋152
＝8452

これで、5963＋2489＝8452と求めることができました。それぞれ２ケタずつに分けて解く方法です。計算過程が少し複雑ですが、慣れると暗算できるようになります。では、４ケタ＋４ケタの暗算を練習しましょう。

【４ケタ＋４ケタの練習問題】

次の計算を暗算しましょう。

（１）1066＋8124＝　　（２）5753＋2159＝

（３）4906＋4387＝　　（４）9885＋8758＝

（５）7569＋4645＝

【練習問題の答え】

（1）　$1066+8124$

$=1000+66+8100+24$

$=(1000+8100)+(66+24)$

$=9100+90$

$=9190$ 　　<u>9190</u>

（2）　$5753+2159$

$=5700+53+2100+59$

$=(5700+2100)+(53+59)$

$=7800+112$

$=7912$ 　　<u>7912</u>

（3）　$4906+4387$

$=4900+6+4300+87$

$=(4900+4300)+(6+87)$

$=9200+93$

$=9293$ 　　<u>9293</u>

（4）　$9885+8758$

$=9800+85+8700+58$

$=(9800+8700)+(85+58)$

$=18500+143$

$=18643$ 　　<u>18643</u>

（5）　$7569+4645$

$=7500+69+4600+45$

$=(7500+4600)+(69+45)$

$=12100+114$

$=12214$ 　　<u>12214</u>

■おつり暗算術

コンビニなどで千円札や一万円札を出したとき、いくらおつりが返ってくるのか暗算するのは、脳のよいトレーニングになります。しかし、おつりの計算を苦手にしている方もいるのではないでしょうか。

例えば、672円の買い物をして、千円札を出したときのおつりは、「1000－672」で求めることができますので、これを例に2つの暗算術を解説します。

例　1000－672＝

[おつり暗算術 その1]

「1000から数を引くこと」は、「999からその数を引いて、1をたすこと」と同じであることを利用すると、次のように計算することができます。

1000－672
＝999－672＋1　←999から672を引いて、1をたす
＝327＋1
＝328

「1000－672」を直接計算しようとすると、繰り下がりがあるのでややこしいですが、「999－672」なら繰り下がりがないので、327と楽に計算できます。その327に1をたして、答えが328と求められます。

［おつり暗算術 その２］

もうひとつ解き方があるので、紹介しましょう。

「十の位以上は９から引き、一の位だけ10から引く」 という方法です。「1000－672」の計算なら、次のように解くことができます。

672の百の位の６を、９から引いて、**３**
672の十の位の７を、９から引いて、**２**
672の一の位の２を、**10**から引いて、**８**

これで、「1000－672＝328」と求めることができました。「**一の位以外は９から引き、一の位だけは10から引く**」ところがポイントです。

［おつり暗算術 その１］と［おつり暗算術 その２］のどちらが解きやすく感じたでしょうか。計算しやすいほうで暗算するとよいでしょう。

２つの解き方を紹介しましたが、一万円札を出したときのおつりも、同じように計算できます。例えば、3485円の買い物をして、一万円札を出したときのおつりを、２つの暗算術で求めてみましょう。

例　10000－3485＝

［おつり暗算術 その１］

「10000から数を引くこと」は、「9999からその数を引いて、１をたすこと」と同じであることを利用すると、次のように計算することができます。

10000 − 3485
＝9999 − 3485 ＋ 1　←9999から3485を引いて、1をたす
＝6514 ＋ 1
＝6515

これで、「10000 − 3485 ＝ 6515」と求めることができました。

[おつり暗算術 その2]

次に、**「十の位以上は9から引き、一の位だけ10から引く」**方法で解いてみましょう。「10000 − 3485」の計算なら、次のように解くことができます。

3485の千の位の3を、9から引いて、**6**
3485の百の位の4を、9から引いて、**5**
3485の十の位の8を、9から引いて、**1**
3485の一の位の5を、**10**から引いて、**5**

これで、「10000 − 3485 ＝ 6515」と求めることができました。

さらに、1000や10000だけでなく、8000や43000などのきりのよい数なら、この2つの解き方で暗算することができます。「8000 − 2573」で試してみましょう。2573円の品物を買うときに、8000円を出すことはふつうありませんが、同じ方法で計算できます。

例　8000 − 2573 ＝

［おつり暗算術　その１］

「8000から数を引くこと」は、「7999からその数を引いて、１をたすこと」と同じであることを利用すると、次のように計算できます。

8000－2573
＝7999－2573＋1　←7999から2573を引いて、１をたす
＝5426＋1
＝5427

これで、「8000－2573＝5427」と求めることができました。

［おつり暗算術　その２］

次に、**「十の位以上は９から引き、一の位だけ10から引く」**方法で解いてみましょう。ただし、この場合、**一番上の位である千の位だけは、（８より１小さい）７から引く**ようにしましょう。「8000－2573」の計算なら、次のように解くことができます。

2573の百の位の２を、**７**から引いて、**５**
2573の百の位の５を、９から引いて、**４**
2573の十の位の７を、９から引いて、**２**
2573の一の位の３を、**10**から引いて、**７**

これで、「8000－2573＝5427」と求めることができました。

【おつり暗算術の練習問題】

次の計算を暗算しましょう。

（1）$1000-855=$　（2）$10000-1952=$

（3）$100000-32489=$　（4）$5000-3891=$

（5）$90000-64518=$

【練習問題の答え】

（1）$1000-855$

$=999-855+1$

$=144+1$

$=145$　<u>145</u>

（2）$10000-1952$

$=9999-1952+1$

$=8047+1$

$=8048$　<u>8048</u>

（3）$100000-32489$

$=99999-32489+1$

$=67510+1$

$=67511$　<u>67511</u>

（4）$5000-3891$

$=4999-3891+1$

$=1108+1$

$=1109$　<u>1109</u>

（5）$90000-64518$

$=89999-64518+1$

＝25481＋1
＝25482　　　　　　　　　　　　25482

■「大きく引いて小さくたす」暗算術

73－48のような繰り下がりがある引き算を苦手にしている方もいるでしょう。繰り下がりのある引き算は、「大きく引いて小さくたす」暗算術を使えば、楽に解くことができます。73－48を例に解説します。

例　73－48＝

（1）**48を引くことは、「50を引いて2をたす」ことと同じ**なので、次のように式を変形できます。

73－48＝73－50＋2

（2）これを計算して、答えを求めます。

73－48＝73－50＋2＝25

これで、73－48＝25と求めることができました。48より少し大きい（きりのよい数の）**50を引いてから、2をたす式に変形する**ところがポイントです。大きい50を引いてから、小さい2をたすので、「大きく引いて小さくたす」暗算術と言います。この暗算術を使うことで、繰り下がりがなくなり、楽に計算することができます。

「大きく引いて小さくたす」暗算術を使えば、繰り下がりのある「3ケタ－3ケタ」も暗算することができます。518－279を例に解説します。

例 518 − 279 =

（1）**279を引くことは、「300を引いて21をたす」ことと同じ**なので、次のように式を変形できます。

518 − 279 = 518 − 300 + 21

※ 21は、300 − 279を暗算すれば求められます。300 − 279は、ひとつ前の項目の「おつり暗算術 その1」を使うと、300 − 279 = 299 − 279 + 1 = 21と求めることができます。

（2）これを計算して、答えを求めます。

518 − 279
= 518 − 300 + 21
= 218 + 21
= 239

これで、518 − 279 = 239と求めることができました。さらにケタの多い数で試してみましょう。

例 56122 − 9295 =

（1）**9295を引くことは、「10000を引いて705をたす」ことと同じ**なので、次のように式を変形できます。

56122 − 9295 = 56122 − 10000 + 705

※ 705は、10000 − 9295を暗算すれば求められます。10000 − 9295は、「おつり暗算術 その1」を使うと、10000 − 9295 = 9999 − 9295 + 1 = 705と求めることができます。

（2）これを計算して、答えを求めます。

56122－9295
＝56122－10000＋705
＝46122＋705
＝46827

これで、56122－9295＝46827と求めることができました。それでは、「大きく引いて小さくたす」暗算術を練習しましょう。

【「大きく引いて小さくたす」暗算術の練習問題】

次の計算を暗算しましょう。

（1）81－55＝　　（2）115－86＝

（3）753－275＝　　（4）5325－3957＝

（5）45426－28569＝

【練習問題の答え】

（1）55を引くことは、「60を引いて5をたす」ことと同じだから、次のように式を変形して計算する。

81－55
＝81－60＋5
＝21＋5
＝26　　26

（2）86を引くことは、「100を引いて14をたす」ことと同じだから、次のように式を変形して計算する。

$115-86$
$=115-100+14$
$=15+14$
$=29$　　<u>29</u>

（3）275を引くことは、「300を引いて25をたす」ことと同じだから、次のように式を変形して計算する。

$753-275$
$=753-300+25$
$=453+25$
$=478$　　<u>478</u>

（4）3957を引くことは、「4000を引いて43をたす」ことと同じだから、次のように式を変形して計算する。

$5325-3957$
$=5325-4000+43$
$=1325+43$
$=1368$　　<u>1368</u>

（5）28569を引くことは、「30000を引いて1431をたす」ことと同じだから、次のように式を変形して計算する。

$45426-28569$
$=45426-30000+1431$
$=15426+1431$
$=16857$　　<u>16857</u>

■ 第４章まとめの練習問題

では、第４章まとめの練習問題を解いていきましょう。

第４章で習った、２ケタ＋２ケタ、３ケタ＋２ケタ（２ケタ＋３ケタ）、３ケタ＋３ケタ、４ケタ＋４ケタの暗算術、おつり暗算術、「大きく引いて小さくたす」暗算術で解く問題をランダムに出していきます。

慣れないうちは、紙とペンを使って解いてもかまいません。慣れたら、徐々に暗算に切りかえていきましょう。

【第４章まとめの練習問題】

次の計算を暗算しましょう。

（１）1000 − 148 ＝　　（２）72 ＋ 89 ＝

（３）156 ＋ 54 ＝　　（４）647 − 459 ＝

（５）58 ＋ 56 ＝　　（６）3486 ＋ 8726 ＝

（７）268 ＋ 772 ＝　　（８）5000 − 2295 ＝

（９）75 ＋ 438 ＝　　（10）71 − 37 ＝

【練習問題の答え】

（１）［おつり暗算術］

1000 − 148

＝999 − 148 ＋ 1

＝852　　852

（２）［２ケタ＋２ケタの暗算術］

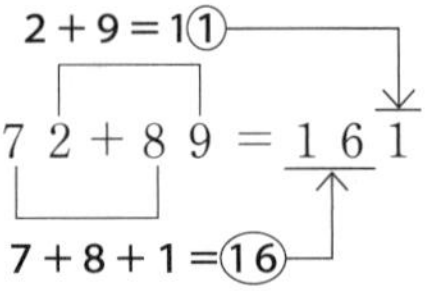

$$
\begin{array}{l}
2+9=1\textcircled{1} \\
72+89=161 \\
7+8+1=\textcircled{16}
\end{array}
$$

161

（3）［3ケタ＋2ケタの暗算術］

$$
\begin{aligned}
&156+54 \\
&=100+(56+54) \\
&=100+110 \\
&=210
\end{aligned}
$$

210

（4）［「大きく引いて小さくたす」暗算術］

459を引くことは、「500を引いて41をたす」ことと同じだから、次のように式を変形して計算する。

$$
\begin{aligned}
&647-459 \\
&=647-500+41 \\
&=147+41 \\
&=188
\end{aligned}
$$

188

（5）［2ケタ＋2ケタの暗算術］

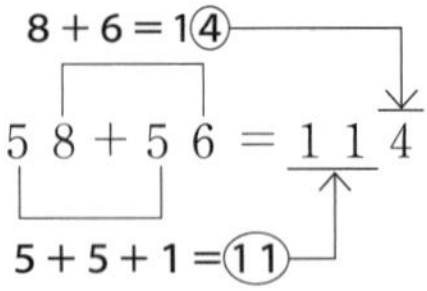

$$
\begin{array}{l}
8+6=1\textcircled{4} \\
58+56=114 \\
5+5+1=\textcircled{11}
\end{array}
$$

114

（6）［4ケタ＋4ケタの暗算術］

$$
\begin{aligned}
&3486+8726 \\
&=3400+86+8700+26 \\
&=(3400+8700)+(86+26)
\end{aligned}
$$

$= 12100 + 112$

$= 12212$ 　　$\underline{12212}$

（７）［3ケタ＋3ケタの暗算術］

$268 + 772$

$= 200 + 68 + 700 + 72$

$= 900 + (68 + 72)$

$= 900 + 140$

$= 1040$ 　　$\underline{1040}$

（８）［おつり暗算術］

$5000 - 2295$

$= 4999 - 2295 + 1$

$= 2705$ 　　$\underline{2705}$

（９）［2ケタ＋3ケタの暗算術］

$75 + 438$

$= (75 + 38) + 400$

$= 113 + 400$

$= 513$ 　　$\underline{513}$

（10）［「大きく引いて小さくたす」暗算術］

37を引くことは、「40を引いて３をたす」ことと同じだから、次のように式を変形して計算する。

$71 - 37$

$= 71 - 40 + 3$

$= 31 + 3$

$= 34$ 　　$\underline{34}$

不思議な数と計算のコラム③

カプレカ数「495」

78ページのコラムで紹介した通り、4ケタの数のカプレカ数は6174でした。3ケタの数にもカプレカ数があるので、調べてみましょう。211を例に考えると、次のようになります。

211－112＝99
990－99＝891
981－189＝792
972－279＝693
963－369＝594
954－459＝495

あとは、ずっと495が繰り返されるので、3ケタの数のカプレカ数は495であることがわかります。ちなみに、第1式の答えに99が出ましたが、このような場合は百の位に0をつけて099と考えると、第2式が990－99となります。

では、なぜ、最終的に495になるのでしょうか。111の倍数以外のすべての3ケタの数のカプレカ数が495になる理由について見ていきます（中学数学の知識が必要です）。

整数a、b、cがあり、$a \geqq b \geqq c$（ただし$a \neq c$）とします。

a、b、cを各位のいずれかにもつ3ケタの数があるとします。

この数のケタを並べ替えて、最大の数から最小の数を引くと、次のようになります。

$$
\begin{aligned}
&(100a + 10b + c) - (100c + 10b + a) \\
&= 100a + 10b + c - 100c - 10b - a \\
&= 99a - 99c \\
&= 99(a - c)
\end{aligned}
$$

つまり、1回目の計算によって出る答えは、必ず99の倍数になるということです。1回目の計算によって出る可能性のある答え（99の倍数）は、99、198、297、396、495、594、693、792、891の9通りです。

この中で、ケタを並べ替えると同じ数になるものを省くと、99、198、297、396、495の5通りが残ります（例えば、693はケタを並べ替えると396と同じなので、計算結果も同じになります）。

この5通りについて、99、198、297、396、495の順に見ていきます。

まず、99について見ていきます。

990－99＝891
981－189＝792　…①
972－279＝693　…②
963－369＝594　…③
954－459＝495　…④
954－459＝495　…⑤

この計算により、99は最終的に495になります。

198は①～⑤の計算により、最終的に495になります。
297は②～⑤の計算により、最終的に495になります。
396は③～⑤の計算により、最終的に495になります。
495は⑤の計算により、最終的に495になります。

つまり、どの場合も最終的に495になるので、３ケタの数のカプレカ数が495であることが証明されました。

同じ操作を繰り返すだけで必ず決まった数になるというのは、直感的には不思議なものです。しかし、証明で見た通り、１回目に引いた答えが必ず99の倍数になることから、３ケタの数のカプレカ数が495である仕組みを導けるのです。

第５章
割り算の暗算術

■「かけて割る」暗算術

例えば、23143÷５のような割り算は、筆算で解くのがふつうです。しかし、「かけて割る」暗算術を使うと、瞬時に暗算することができます。どのような方法かお教えしましょう。

５で割ることは、「２倍して10で割ることと同じ」ということを利用すれば、次のように計算して瞬時に解くことができます。

例　23143÷５＝

　23143÷５
＝23143×２÷10　←２倍して10で割る
＝46286÷10
＝4628.6

「２を**かけて**10で**割る**」暗算術なので、**「かけて割る」暗算術**と名付けました。

「かけて割る」暗算術は、他にもあります。例えば、102÷25の割り算も、筆算で解くのがふつうです。でも、**25で割ることは、「４倍して100で割ることと同じ」**ということを利用すれば、次のように計算して瞬時に解くことができます。

例 $102 \div 25 =$

$$
\begin{aligned}
&102 \div 25 \\
&= 102 \times 4 \div 100 \quad \text{←4倍して100で割る} \\
&= 408 \div 100 \\
&= 4.08
\end{aligned}
$$

この計算法なら、暗算で簡単に解くことができます。

ところで、5で割ることが「2倍して10で割る」ことと同じになる理由は、次のように式を変形できるからです。

$$
\begin{aligned}
&23143 \div 5 \\
&= 23143 \times \frac{1}{5} \\
&= 23143 \times \frac{2}{10} \\
&= 23143 \times 2 \div 10
\end{aligned}
$$

一方、25で割ることが「4倍して100で割る」ことと同じになる理由は、次のように式を変形できるからです。

$$
\begin{aligned}
&102 \div 25 \\
&= 102 \times \frac{1}{25} \\
&= 102 \times \frac{4}{100} \\
&= 102 \times 4 \div 100
\end{aligned}
$$

「かけて割る」暗算術の内容をまとめておきます。

「かけて割る」暗算術
5で割ること→「2倍して10で割る」ことと同じ
25で割ること→「4倍して100で割る」ことと同じ

5や25で割る計算が出てきたら、積極的にこの方法を使っていきましょう。

ちなみに、**125で割ることは、「8倍して1000で割る」ことと同じ**という暗算術もあります。この暗算術を使うと、21÷125のような計算を、次のように簡単に解くことができます。

例　21÷125＝

21÷125
＝21×8÷1000　←8倍して1000で割る
＝168÷1000
＝0.168

それでは、「かけて割る」暗算術の練習をしましょう。

【「かけて割る」暗算術の練習問題】
次の計算を暗算しましょう。

（1）324÷5＝　　（2）47÷5＝
（3）52÷25＝　　（4）2015÷25＝
（5）1010÷125＝

【練習問題の答え】

（1）　$324 \div 5$

$= 324 \times 2 \div 10$　←2倍して10で割る

$= 648 \div 10$

$= 64.8$　　<u>64.8</u>

（2）　$47 \div 5$

$= 47 \times 2 \div 10$　←2倍して10で割る

$= 94 \div 10$

$= 9.4$　　<u>9.4</u>

（3）　$52 \div 25$

$= 52 \times 4 \div 100$　←4倍して100で割る

$= 208 \div 100$

$= 2.08$　　<u>2.08</u>

（4）　$2015 \div 25$

$= 2015 \times 4 \div 100$　←4倍して100で割る

$= 8060 \div 100$

$= 80.6$　　<u>80.6</u>

（5）　$1010 \div 125$

$= 1010 \times 8 \div 1000$　←8倍して1000で割る

$= 8080 \div 1000$

$= 8.08$　　<u>8.08</u>

■「割って割る」暗算術

ひとつ前の項目では、「かけて割る」暗算術を習いま

した。ここでは、「割って割る」暗算術を紹介します。

例えば、560÷35のような計算は、学校ではふつう筆算で解くように教えられます。しかし、次のように分数の形にして、約分して解くと、より簡単に計算することができます。

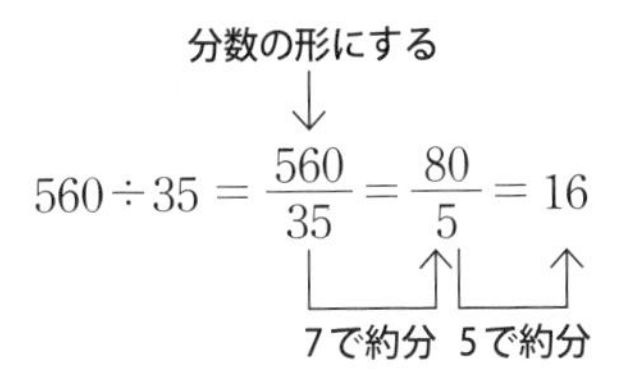

この約分の要領で、数を徐々に割っていくことで、割り算の暗算ができます。その計算法を説明します。

「560÷35」の35は、35＝7×5と分解できます。そのため、**35で割ることは、「7で割ってから5で割ること」と同じ**です。これを利用すると、次のように計算できます。

例　560÷35＝

$$
\begin{aligned}
& 560 \div 35 \\
&= 560 \div (7 \times 5) \\
&= 560 \div 7 \div 5 \\
&= 80 \div 5 \\
&= 16
\end{aligned}
$$

35＝7×5に分解

560÷7を計算

560を7で割ってから、さらに5で割ることによって、答えの16を求めることができました。割ってからさらに割るので、この方法を**「割って割る」暗算術**と言います。この計算法に慣れると、暗算でも解けるようになります。

「560÷35」は、「7で割ってから、5で割る」ことによって計算しましたが、逆に、「5で割ってから、7で割る」ことによって、次のように計算することもできます。

$$
\begin{aligned}
&560 \div 35 \\
&= 560 \div (5 \times 7) \quad \leftarrow 35 = 5 \times 7 \text{に分解} \\
&= 560 \div 5 \div 7 \\
&= 112 \div 7 \quad \leftarrow 560 \div 5 \text{を計算} \\
&= 16
\end{aligned}
$$

この方法でも、正しい答えは求められます。しかし、この場合は、560÷5＝112、112÷7＝16という計算がややこしくなります。ですから、**「どちらの数から割れば簡単に計算できるか」**考えながら計算しましょう。

もう一例、解いてみましょう。

例 288÷8＝

8＝2×2×2と分解できます。そのため、**8で割ることは、「2で3回割ること」と同じ**です。これを利用すると、次のように計算できます。

$$
\begin{aligned}
&288 \div 8 \\
&= 288 \div (2 \times 2 \times 2) \quad \leftarrow 8 = 2 \times 2 \times 2 \text{に分解}
\end{aligned}
$$

＝288÷2÷2÷2　→ 288÷2を計算
＝144÷2÷2　→ 144÷2を計算
＝72÷2
＝36

288を2で割っていって、144、72、36と求めるだけなので、これも慣れると簡単に暗算できるようになります。では、「割って割る」暗算術を練習しましょう。

【「割って割る」暗算術の練習問題】

次の計算を暗算しましょう。

（1）630÷45＝　　（2）240÷15＝

（3）448÷8＝　　（4）420÷28＝

（5）1890÷54＝

【練習問題の答え】

（1）　630÷45
＝630÷(9×5)
＝630÷9÷5
＝70÷5＝14　　<u>14</u>

（2）　240÷15
＝240÷(3×5)
＝240÷3÷5
＝80÷5＝16　　<u>16</u>

（3）　448÷8
＝448÷(2×2×2)

$= 448 \div 2 \div 2 \div 2$

$= 224 \div 2 \div 2$

$= 112 \div 2 = 56$ 　　　　<u>56</u>

（4）　$420 \div 28$

$= 420 \div (7 \times 4)$

$= 420 \div 7 \div 4$

$= 60 \div 4 = 15$ 　　　　<u>15</u>

（5）　$1890 \div 54$

$= 1890 \div (9 \times 3 \times 2)$

$= 1890 \div 9 \div 3 \div 2$

$= 210 \div 3 \div 2$

$= 70 \div 2 = 35$ 　　　　<u>35</u>

■割り切れるか、割り切れないか

例えば、84573 ÷ 9 を解くとき、割り切れるか割り切れないか、前もってわかっていると、計算が楽です。割り切れるとわかっていれば、筆算などで解くことができます。しかし、いつまでも割り切れないなら、筆算で解くより、初めから分数の形にして解いたほうが楽だからです。

84573 ÷ 9 が割り切れるか割り切れないか、すぐに答えることができる方法があるので紹介しましょう。その方法を**倍数判定法**と言います。84573 が 9 の倍数なら割り切れて、9 の倍数でないなら割り切れません。ですから、84573 が 9 の倍数かどうかを判断すればいいのです。

ある数が９の倍数かどうかは、次の方法で判定できます。

> **９の倍数判定法（９の倍数である条件）**
> → すべての位の和が９の倍数になるとき

具体的に説明します。84573のすべての位の和は、８＋４＋５＋７＋３＝27です。**27は９の倍数なので、84573も９の倍数である**ということができるのです。ですから、84573÷９は割り切れることがわかります。実際に計算すると、「84573÷９＝9397」となって割り切れます。もう一例見てみましょう。

例　7521÷９が割り切れるか、割り切れないか

7521のすべての位の和は、７＋５＋２＋１＝15です。**15は９の倍数ではないので、7521は９の倍数ではない**ことがわかります。実際に計算すると、「7521÷９＝835あまり６」となって割り切れません。このように、ある数の倍数かどうか判定する方法が、倍数判定法なのです。

９の倍数以外にも、倍数判定法があるので紹介しましょう（それぞれの倍数判定法が成り立つ理由については、119ページをご参照ください）。

> **２の倍数判定法**
> → 一の位が偶数のとき
>
> 例えば、3986 は一の位が偶数の６である。だから、3986は２の倍数である。

3の倍数判定法

→ すべての位の和が3の倍数になるとき

例えば、9258はすべての位をたすと9＋2＋5＋8＝24である。24は3の倍数なので、9258は3の倍数である。

4の倍数判定法

→ 下2ケタの数が00か4の倍数になるとき

例えば、8236は下2ケタが、4の倍数の36である。だから、8236は4の倍数である。

5の倍数判定法

→ 一の位が0か5のとき

例えば、7365は一の位が5である。だから、7365は5の倍数である。

6の倍数判定法

→ 2の倍数と3の倍数の判定法がどちらも成り立つとき。つまり、一の位が偶数で、すべての位の和が3の倍数になるとき

例えば、2784は一の位が偶数の4だから2の倍数である。また、2784のすべての位の和は2＋7＋8＋4＝21で3の倍数である。だから、2784は6の倍数である。

7の倍数判定法

→　3ケタの数の場合、下2ケタの数に、百の位の数を2倍した数をたした数が7の倍数のとき

例えば、623は3ケタであり、下2ケタの数23に、百の位の数6を2倍した数12をたすと35になる。35は7の倍数なので、623は7の倍数である。

8の倍数判定法

→　下3ケタの数が000か8の倍数のとき

例えば、76168は下3ケタの168が8の倍数である。だから、76168は8の倍数である。

ちなみに本書では、ある整数で割った答えが整数になることを「割り切れる」とします。一方、答えが整数にならないことを「割り切れない」とします。

では、倍数判定法の練習をしていきましょう。それぞれの倍数の判定法を覚えていないうちは、見ながら解いてもかまいません。

【倍数判定法の練習問題】

次の計算が割り切れるか、割り切れないかを判定しましょう。

（1）$855 \div 9 =$　　（2）$19480 \div 8 =$

（3）$1235 \div 3 =$　　（4）$259 \div 7 =$

（5）$5704 \div 6 =$

【練習問題の答え】

（1）855のすべての位をたすと8＋5＋5＝18である。18は9の倍数なので、855は9の倍数である。
割り切れる

（2）19480は下3ケタの480が8の倍数である。だから、19480は8の倍数である。　割り切れる

（3）1235のすべての位をたすと1＋2＋3＋5＝11である。11は3の倍数ではないので、1235は3の倍数でない。　割り切れない

（4）259は3ケタであり、下2ケタの数59に、百の位の数2を2倍した数4をたすと63になる。63は7の倍数なので、259は7の倍数である。
割り切れる

（5）5704は一の位が偶数の4だから2の倍数である。また、5704のすべての位の和は5＋7＋0＋4＝16で3の倍数でない。つまり、5704は、2の倍数ではあるが、3の倍数ではない。だから、5704は6の倍数ではない。　割り切れない

■ 第5章まとめの練習問題と応用問題

では、第5章まとめの練習問題を解いていきましょう。

第5章で習った、「かけて割る」暗算術、「割って割る」暗算術、倍数判定法の問題を出していきます。

慣れないうちは、紙とペンを使って解いてもかまいま

せん。慣れたら、徐々に暗算に切りかえていきましょう。

【第5章まとめの練習問題】

（1）〜（6）の計算を暗算しましょう。

（1）972 ÷ 36 =　　　（2）541 ÷ 5 =

（3）20 ÷ 125 =　　　（4）1470 ÷ 42 =

（5）55 ÷ 25 =　　　（6）9900 ÷ 55 =

次の（7）〜（10）の計算が割り切れるか、割り切れないかを判定しましょう。

（7）6852 ÷ 3 =　　　（8）476 ÷ 7 =

（9）2018 ÷ 4 =　　　（10）5546 ÷ 6 =

【練習問題の答え】

（1）[「割って割る」暗算術]

$972 \div 36$

$= 972 \div (9 \times 2 \times 2)$

$= 972 \div 9 \div 2 \div 2$

$= 108 \div 2 \div 2$

$= 54 \div 2 = 27$　　　<u>27</u>

（2）[「かけて割る」暗算術]

$541 \div 5$

$= 541 \times 2 \div 10$

$= 1082 \div 10 = 108.2$　　　<u>108.2</u>

（3）[「かけて割る」暗算術]

$20 \div 125$

$= 20 \times 8 \div 1000$

$= 160 \div 1000 = 0.16$ 　　<u>0.16</u>

（4）［「割って割る」暗算術］

$1470 \div 42$

$= 1470 \div (7 \times 3 \times 2)$

$= 1470 \div 7 \div 3 \div 2$

$= 210 \div 3 \div 2$

$= 70 \div 2 = 35$ 　　<u>35</u>

（5）［「かけて割る」暗算術］

$55 \div 25$

$= 55 \times 4 \div 100$

$= 220 \div 100 = 2.2$ 　　<u>2.2</u>

（6）［「割って割る」暗算術］

$9900 \div 55$

$= 9900 \div (11 \times 5)$

$= 9900 \div 11 \div 5$

$= 900 \div 5 = 180$ 　　<u>180</u>

（7）［3の倍数判定法］

6852のすべての位をたすと$6 + 8 + 5 + 2 = 21$である。21は3の倍数なので、6852は3の倍数である。 　　<u>割り切れる</u>

（8）［7の倍数判定法］

476は3ケタであり、下2ケタの数76に、百の位の数4を2倍した数8をたすと84になる。84は7の倍数なので、476は7の倍数である。

<u>割り切れる</u>

（９）［４の倍数判定法］

2018は下２ケタの18が４の倍数ではない。だから、2018は４の倍数ではない。　割り切れない

（10）［６の倍数判定法］

5546は一の位が偶数の６だから２の倍数である。また、5546のすべての位の和は５＋５＋４＋６＝20で３の倍数でない。つまり、5546は、２の倍数ではあるが、３の倍数ではない。だから、5546は６の倍数ではない。　割り切れない

自信のある方は、次の応用問題にチャレンジしてみましょう。「かけて割る」暗算術、「割って割る」暗算術、倍数判定法を組み合わせた問題です。

【第５章まとめの応用問題】

次の（１）～（５）の計算が割り切れるか、割り切れないかを判定しましょう。割り切れる計算については、暗算で答えを求めましょう。

（１）8065÷９＝　　（２）1240÷８＝

（３）782÷６＝　　（４）2760÷６＝

（５）31320÷５＝

【応用問題の答え】

（１）［９の倍数判定法］

8065のすべての位をたすと８＋０＋６＋５＝19である。19は９の倍数ではないので、8065は９の

倍数ではない。　割り切れない

（2）［8の倍数判定法］と［「割って割る」暗算術］

1240は下3ケタの240が8の倍数である。だから、1240は8の倍数である。1240÷8を「割って割る」暗算術で解くと、次のようになる。

1240÷8

＝1240÷(2×2×2)

＝1240÷2÷2÷2

＝620÷2÷2

＝310÷2＝155　割り切れる、155

※310÷2は、310を300＋10に分けて考える。300を2で割った150と、10を2で割った5をたして、155となる。

（3）［6の倍数判定法］

782は一の位が偶数の2だから2の倍数である。また、782のすべての位の和は7＋8＋2＝17で3の倍数でない。つまり、782は、2の倍数ではあるが、3の倍数ではない。だから、782は6の倍数ではない。　割り切れない

（4）［6の倍数判定法］と［「割って割る」暗算術］

2760は一の位が偶数の0だから2の倍数である。また、2760のすべての位の和は2＋7＋6＋0＝15で3の倍数である。つまり、2760は、2の倍数でも3の倍数でもあるから、6の倍数である。2760÷6を「割って割る」暗算術で解くと、次のようになる。

$2760 \div 6$
$= 2760 \div (3 \times 2)$
$= 2760 \div 3 \div 2$
$= 920 \div 2 = 460$　　割り切れる、460

（５）［５の倍数判定法］と［「かけて割る」暗算術］

31320は一の位が０だから５の倍数である。

31320÷５を「かけて割る」暗算術で解くと、次のようになる。

$31320 \div 5$
$= 31320 \times 2 \div 10$
$= 62640 \div 10 = 6264$　　割り切れる、6264

第５章の補足メモ

倍数判定法が成り立つことの証明

本章では、２から９の倍数判定法を紹介しました。まずは、７の倍数判定法以外の方法が成り立つ理由について見ていきましょう（中学数学の知識が必要です）。

a、b、c、dを整数とすると、４ケタの数は、$1000a + 100b + 10c + d$と表すことができます。

◆２の倍数判定法が成り立つ理由

$1000a + 100b + 10c + d = 2(500a + 50b + 5c) + d$

と変形できます。これにより、d（一の位）が偶数であれば、その数は２の倍数だと判定できます。

◆ 3の倍数判定法が成り立つ理由

$1000a + 100b + 10c + d = 3(333a + 33b + 3c) + a + b + c + d$

と変形できます。これにより、$a + b + c + d$（すべての位の和）が3の倍数であれば、その数は3の倍数だと判定できます。

◆ 4の倍数判定法が成り立つ理由

$1000a + 100b + 10c + d = 4(250a + 25b) + 10c + d$

と変形できます。これにより、$10c + d$（下2ケタの数）が 00 か4の倍数であれば、その数は4の倍数だと判定できます。

◆ 5の倍数判定法が成り立つ理由

$1000a + 100b + 10c + d = 5(200a + 20b + 2c) + d$

と変形できます。これにより、d（一の位）が0か5であれば、その数は5の倍数だと判定できます。

◆ 6の倍数判定法が成り立つ理由

$6 = 2 \times 3$ です。ですから、2の倍数と3の倍数の判定法がどちらも成り立つとき、つまり、一の位が偶数で、すべての位の和が3の倍数になるときに、その数は6の倍数だと判定できます。

◆ 8の倍数判定法が成り立つ理由

$1000a + 100b + 10c + d = (8 \times 125a) + 100b + 10c + d$

と変形できます。これにより、$100b + 10c + d$（下3ケタの数）が 000 か8の倍数であれば、その数は8の倍数だと判定できます。

◆ 9の倍数判定法が成り立つ理由

$1000a + 100b + 10c + d = 9(111a + 11b + c) + a + b + c + d$

と変形できます。これにより、$a + b + c + d$（すべての位の和）が9の倍数であれば、その数は9の倍数だと判定できます。

4ケタの数について、7の倍数判定法以外の方法が成り立つ理由を証明しました。4ケタ以外の数についても同様に証明することができます。

最後に、7の倍数判定法が成り立つ理由を証明しましょう。7の倍数判定法は、3ケタの数について成り立つ方法でした。a、b、cを整数とすると、3ケタの数は、$100a + 10b + c$と表すことができます。7の倍数判定法は、「下2ケタの数に、百の位の数を2倍した数をたした数が7の倍数になること」でした。「下2ケタの数に百の位の数を2倍した数をたした数」は、$2a + 10b + c$となります。ここで、$100a + 10b + c$を変形すると、

$100a + 10b + c = 98a + 2a + 10b + c = (7 \times 14a) + 2a + 10b + c$

となります。だから、$2a + 10b + c$（下2ケタの数に百の位の数を2倍した数をたした数）が7の倍数であれば、その数は7の倍数だと判定できます。

必ず1089になる計算ゲーム

数の性質を使って、手品のような計算ゲームをすることができます。次の会話を見てください。

お父さん：今から計算ゲームをするよ。まず、百の位と一の位に２以上の差がある、３ケタの数を紙に書いてくれるかな？　紙はお父さんに見せないでね。
子供：書いたよ。
お父さん：では、その数の百の位と一の位を入れ替えて、大きい方から小さい方を引いてくれるかな？　お父さんには見せないでね。
子供：うん、引いたよ。
お父さん：では、その答えをもう一度、百の位と一の位を入れ替えて、答えとたしてくれるかな？　やはり、お父さんに見えないように計算してね。
子供：うん、たしたよ。
お父さん：出てきた答えは1089だね？
子供：えっ、そうだよ。どうしてわかったの？

子供が、例えば284を選んだとします。すると、次のように1089になります。

482－284＝198
198＋891＝1089

条件にあてはまる３ケタの数なら、必ずこのように1089になります。

では、答えが1089になる理由について見ていきましょう（中学数学の知識が必要です）。

初めの数の百の位をa、十の位をb、一の位をc（ただし、$a \geqq c+2$）とします。

初めの数は、$100a+10b+c$となり、百の位と一の位を入れ替えた数は、$100c+10b+a$となります。初めの数から入れ替えた数を引くと、

$$
\begin{aligned}
&(100a+10b+c)-(100c+10b+a)\\
&=99a-99c\\
&=(100a-a)-(100c-c)-100+(90+10)\\
&=100a-100c-100+90+10-a+c\\
&=100(a-c-1)+90+(10-a+c) \quad \cdots①
\end{aligned}
$$

となります。

さらに、百の位と一の位を入れ替えると、

$$
100(10-a+c)+90+(a-c-1) \quad \cdots②
$$

となります。

①と②をたすと、

$$
\begin{aligned}
&100(a-c-1)+90+(10-a+c)+100(10-a+c)\\
&\quad +90+(a-c-1)\\
&=100a-100c-100+90+10-a+c+1000-100a\\
&\quad +100c+90+a-c-1\\
&=1089
\end{aligned}
$$

これにより、この計算ゲームの結果が必ず1089になることが証明されました。ちょっとした暇つぶしや、数の楽しさを伝えるのに、おすすめのゲームです。

第6章

小数、分数の暗算術と割合計算

■ 小数点のダンス

37000 × 0.008 や、0.045 ÷ 0.0009 などの小数の計算を苦手にしている方は多いでしょう。しかし、小数計算は工夫すれば、簡単に解くことができます。まずは、37000 × 0.008 を例に、小数のかけ算から解説します。

例 37000 × 0.008 ＝

37000 × 0.008 は、このままでは小数が含まれていて計算しにくいですね。ですから、整数どうしのかけ算に直しましょう。整数どうしのかけ算に直すために使う考え方が「**小数点のダンス**」です。かけ算では、小数点は次のようにダンス（移動）します。

> **かけ算での小数点のダンスのしかた**
> → かけ算では、小数点が**左右逆の方向に、同じ数のケタだけ**ダンス（移動）する。

どういうことか説明しましょう。まず、37000 × 0.008 の 0.008 を整数にします。0.008 の小数点を右に 3 ケタ移動すれば、整数の 8 になります。ですから、次のように、小数点を右に3ケタだけピョンピョンとダンス（移動）させます。

$$37000 \times 0.008$$

小数点が右に3ケタダンス（移動）

0.008だけ小数点をダンスさせたのでは答えが違ってしまいます。ですから、37000も小数点をダンスさせます。かけ算では、小数点が**左右逆の方向に同じ数のケタだけ**ダンスするので、次のように、37000の小数点を左に3ケタだけダンスさせましょう。

$$37000. \times 0.008 = 37 \times 8$$

左に3ケタダンス　　右に3ケタダンス

$37000 \times 0.008 = 37 \times 8$と変形することができました。$37 \times 8$は、かけ算の暗算で習った「分配法則」を使って、次のように解くことができます。

$$37 \times 8 = (30 + 7) \times 8$$
$$= 30 \times 8 + 7 \times 8$$
$$= 240 + 56 = 296$$

これで、$37000 \times 0.008 = 37 \times 8 = 296$と求めることができました。

次に、小数の割り算について見ていきましょう。小数の割り算では、小数点は次のようにダンス（移動）します。

割り算での小数点のダンスのしかた
→ 割り算では、小数点が**左右同じ方向に、同じ数のケタだけ**ダンス（移動）する。

どういうことか、次の例題を解きながら解説していきます。

例　0.045÷0.0009

まず、0.045÷0.0009の0.0009を整数にします。0.0009の小数点を右に4ケタ移動すれば、整数の9になります。ですから、次のように、小数点を右に4ケタだけダンス（移動）させます。

0.045 ÷ 0.0009
小数点が右に4ケタダンス（移動）

0.0009だけ小数点をダンスさせたのでは答えが違ってしまいます。ですから、0.045も小数点をダンスさせます。割り算では、小数点が**左右同じ方向に、同じ数のケタだけ**ダンスするので、次のように、0.045の小数点も右に4ケタだけダンスさせましょう。ケタが足りないところには、次のように0を追加します。

0を追加
0.0450÷0.0009＝450÷9
それぞれ右に4ケタダンス

これで、$0.045 \div 0.0009 = 450 \div 9$ と変形することができました。$450 \div 9 = 50$ なので、$0.045 \div 0.0009 = 50$ と答えを求めることができます。

では、小数点のダンスの計算練習をしましょう。

【小数点のダンスの練習問題】

次の計算を暗算しましょう。

（1）$2000 \times 0.96 =$　（2）$240 \div 0.8 =$

（3）$0.007 \times 62000 =$　（4）$0.3 \div 0.006 =$

（5）$500 \times 0.02 \div 0.001 =$

【練習問題の答え】

（1）2000×0.96

$= 20 \times 96 = 1920$　<u>1920</u>

（2）$240 \div 0.8$

$= 2400 \div 8 = 300$　<u>300</u>

（3）0.007×62000

$= 7 \times 62 = 434$　<u>434</u>

（4）$0.3 \div 0.006$

$= 300 \div 6 = 50$　<u>50</u>

（5）まず、500×0.02 を計算してから 0.001 で割る。

$500 \times 0.02 \div 0.001$

$= 5 \times 2 \div 0.001$

$= 10 \div 0.001$

$= 10000 \div 1 = 10000$　<u>10000</u>

■小数点のダンスを利用した割合計算

25％、３割などの割合は、ビジネスや日常生活でもよく登場します。実は**小数点のダンスは、割合の計算と相性がよい**のです。例題を解きながら見ていきましょう。

例　600人の83％は何人ですか。

この例題は、600×0.83を計算すれば求められます。600×0.83は、小数点のダンスを利用すると、次のように計算できます。

$$\begin{aligned} & 600 \times 0.83 \\ = & 6 \times 83 \\ = & 498 \end{aligned}$$

これにより、600人の83％は498人と求めることができました。慣れると暗算でもできる計算です。

例　4500円の３割引はいくらですか。

この例題は、4500×(1－0.3)＝4500×0.7を計算すれば求められます。4500×0.7は、小数点のダンスを利用すると、次のように計算できます。

$$\begin{aligned} & 4500 \times 0.7 \\ = & 450 \times 7 \\ = & 3150 \end{aligned}$$

これにより、4500円の３割引は3150円と求めることができました。

例　□mの4%は2mです。□にあてはまる数を答えましょう。

□は、2÷0.04を計算すれば求められます。2÷0.04は、小数点のダンスを利用すると、次のように計算できます。

2÷0.04
＝200÷4
＝50

これにより、□は50と求められます。

例　定価□円の商品が、定価の2割引で売られていたので、560円で買うことができました。□にあてはまる数を答えましょう。

□は、560÷(1－0.2)＝560÷0.8を計算すれば求められます。560÷0.8は、小数点のダンスを利用すると、次のように計算できます。

560÷0.8
＝5600÷8
＝700

これにより、□は700と求められます。

例　原価6000円の商品に2割の利益を見こんで定価をつけました。しかし、売れなかったので、定価を1

割引して売り値をつけました。売り値はいくらですか。

まず、定価を求めます。定価は、$6000 \times (1+0.2) = 6000 \times 1.2$を計算すれば求められます。$6000 \times 1.2$は、小数点のダンスを利用すると、次のように計算できます。

$$
\begin{aligned}
&6000 \times 1.2 \\
&= 600 \times 12 \\
&= 7200
\end{aligned}
$$

これで、定価が7200円と求められました。次に、売り値は、$7200 \times (1-0.1) = 7200 \times 0.9$を計算すれば求められます。$7200 \times 0.9$は、小数点のダンスを利用すると、次のように計算できます。

$$
\begin{aligned}
&7200 \times 0.9 \\
&= 720 \times 9 \\
&= 6480
\end{aligned}
$$

これで、売り値を6480円と求めることができました。

5つの例題を解説しましたが、慣れるとどれも暗算で解くことができるようになります。初めは紙とペンを使いながらでもよいので、練習しましょう。

【小数点のダンスを利用した割合計算の練習問題】

次の□にあてはまる数を暗算して求めましょう。

（1）2200kgの90％は□kgです。

（2）定価870円の商品を4割引して□円で売りました。

（3）□人の7％は630人です。

（4）定価□円の商品が、定価の1割引で売られていたので、2700円で買うことができました。

（5）原価400円の商品に3割の利益を見こんで定価をつけました。しかし、売れなかったので、定価を2割引して売り値を□円としました。

【練習問題の答え】

（1）　2200×0.9

　$= 220 \times 9 = 1980$　　<u>1980</u>

（2）　$870 \times (1 - 0.4)$

　$= 870 \times 0.6$

　$= 87 \times 6 = 522$　　<u>522</u>

（3）　$630 \div 0.07$

　$= 63000 \div 7 = 9000$　　<u>9000</u>

（4）　$2700 \div (1 - 0.1)$

　$= 2700 \div 0.9$

　$= 27000 \div 9 = 3000$　　<u>3000</u>

（5）まず定価を求めてから、売り値を求めます。

　$400 \times (1 + 0.3)$

　$= 400 \times 1.3$

　$= 40 \times 13 = 520$（円）　…**定価**

　$520 \times (1 - 0.2)$

　$= 520 \times 0.8$

　$= 52 \times 8 = 416$（円）　…**売り値**　　<u>416</u>

■ 分数と小数の変換

分数と小数の変換について、次の変換をすでに暗記している方は多いでしょう。

分数と小数の基本的な変換

$\frac{1}{2}=0.5$

$\frac{1}{3}=0.333\cdots$　　$\frac{2}{3}=0.666\cdots$

（$\frac{1}{3}$や$\frac{2}{3}$のように無限に続いていく小数を、無限小数と言います）

$\frac{1}{5}=0.2$　　$\frac{2}{5}=0.4$　　$\frac{3}{5}=0.6$　　$\frac{4}{5}=0.8$

$\frac{1}{10}=0.1$　　$\frac{3}{10}=0.3$　　$\frac{7}{10}=0.7$　　$\frac{9}{10}=0.9$

$\frac{1}{100}=0.01$　　$\frac{1}{1000}=0.001$

上記の基本的な変換をおさえるだけでも、多くの計算がしやすくなりますが、さらに計算に強くなるために、分母が4と8の分数と小数の変換も覚えましょう。

分母が4と8の分数と小数の変換

$\frac{1}{4}=0.25$　　$\frac{3}{4}=0.75$

$\frac{1}{8}=0.125$　　$\frac{3}{8}=0.375$　　$\frac{5}{8}=0.625$　　$\frac{7}{8}=0.875$

分母が8の分数と小数の変換は、小数第2位と第3位が、25、75、25、75と交互になっており、あとは小数第1位だけを覚えればよいので、比較的覚えやすいです。まだ覚えていない方は、この機会に覚えてしまうことをおすすめします。

余裕があれば、分母が7と9の分数と小数の変換についても、おさえておきましょう。まず、分母が7の分数を小数に変換すると、面白い規則が見つかります。

分母が7の分数と小数の変換

$\frac{1}{7}=0.142857142857\cdots$

$\frac{2}{7}=0.285714285714\cdots$

$\frac{3}{7}=0.428571428571\cdots$

$\frac{4}{7}=0.571428571428\cdots$

$\frac{5}{7}=0.714285714285\cdots$

$\frac{6}{7}=0.857142857142\cdots$

どんな規則か気がついたでしょうか。

$\frac{1}{7}$から$\frac{6}{7}$まで、始まりの数は違いますが、どれも142857が繰り返されているのです。次のように、142857を強調すると、それがよくわかります。

$$\frac{1}{7}=0.142857142857\cdots$$

$$\frac{2}{7}=0.285714285714\cdots$$

$$\frac{3}{7}=0.428571428571\cdots$$

$$\frac{4}{7}=0.571428571428\cdots$$

$$\frac{5}{7}=0.714285714285\cdots$$

$$\frac{6}{7}=0.857142857142\cdots$$

ちなみに、142857という数の並びは、「いっしょにはこうな（142857）」という語呂合わせで覚えることができます。この142857という数には、さらに驚くべき性質があり、それは本章末のコラム（144ページ）でご紹介します。

次に、分母が9の分数と小数の変換についても、おさえておきましょう。

分母が９の分数と小数の変換

$\frac{1}{9}=0.1111\cdots$　$\frac{2}{9}=0.2222\cdots$　$\frac{3}{9}=0.3333\cdots$

$\frac{4}{9}=0.4444\cdots$　$\frac{5}{9}=0.5555\cdots$　$\frac{6}{9}=0.6666\cdots$

$\frac{7}{9}=0.7777\cdots$　$\frac{8}{9}=0.8888\cdots$

このように、分母が9の分数を小数に変換すると、分子の数が小数第1位以下にずっと続きます。では、分数と小数の変換について、練習しましょう。

【分数と小数の変換の練習問題】

次の分数を小数に変換しましょう。無限小数（無限に続く小数）については、小数第6位まで答えてください。

（1）$\frac{3}{4}=$　（2）$\frac{1}{7}=$　（3）$\frac{7}{8}=$

（4）$\frac{2}{9}=$　（5）$\frac{1}{8}=$

【練習問題の答え】

（1）$\frac{3}{4}=0.75$　<u>0.75</u>

（2）$\frac{1}{7}=0.142857\cdots$　<u>0.142857</u>

（3）$\frac{7}{8}=0.875$　<u>0.875</u>

（4）$\frac{2}{9}=0.222222\cdots$　<u>0.222222</u>

（5）$\frac{1}{8}=0.125$　<u>0.125</u>

■ 分数小数変換を利用した割合計算

分数と小数の変換について見てきましたが、これらの変換を覚えていると、割合計算で役に立つことがあります。次の例題を見てください。

例 840人の75%は何人ですか。

これは、$840 \times 0.75 = 630$人という計算で求めることができますが、この計算を小数のまま、暗算で解くのは少々ややこしいですね。一方、$0.75 = \frac{3}{4}$という変換を利用すると、次のように簡単に解くことができます。

$$
\begin{aligned}
& 840 \times 0.75 \\
= \ & 840 \times \frac{3}{4} \\
= \ & 210 \times 3 = 630
\end{aligned}
$$

これにより、840人の75%は630人と求められます。

この計算なら、暗算で解くこともできます。では、次の例題に進みます。

例 6400円の37.5%は何円ですか。

この例題は、6400×0.375を計算すれば求められますが、$0.375 = \frac{3}{8}$を知っていれば、次のように楽に求められます。

$$
\begin{aligned}
& 6400 \times 0.375 \\
= \ & 6400 \times \frac{3}{8} \\
= \ & 800 \times 3 = 2400
\end{aligned}
$$

これにより、6400円の37.5%は2400円と求められます。次の例題に進みましょう。

例　昨月の売上は240万円で、今月の売上は390万円でした。今月の売上は昨月に比べて、何％増加しましたか。

この例題は、次の計算によって求めることができます。

$390 - 240 = 150$

$150 \div 240 = 0.625$　→62.5％

この計算により、62.5％と求められますが、$150 \div 240 = 0.625$を暗算で求めるのは大変そうですね。ここで、$\frac{5}{8} = 0.625$の変換を知っていれば、次のように、簡単に求めることができます。

$390 - 240 = 150$

$150 \div 240 = \frac{150}{240} = \frac{5}{8} = 0.625$　→62.5％

つまり、$150 \div 240$を分数計算にもちこんで、$\frac{150}{240}$としてから約分して、$\frac{5}{8} = 0.625$（→62.5％）と求めればよいのです。次の例題に進みましょう。

例　昨年の負債額は400万円でしたが、今年の負債額は240万円でした。今年の負債額は昨年に比べて、何割減少しましたか。

この例題は、次の計算によって求めることができます。

$400 - 240 = 160$

$160 \div 400 = 0.4$　→４割

この計算により、4割と求められます。一方、分数と小数の変換を利用すると、次のように、さらに簡単に求められます。

$$400 - 240 = 160$$

$$160 \div 400 = \frac{160}{400} = \frac{2}{5} = 0.4 \quad \rightarrow \textbf{4割}$$

以上、分数小数変換を利用した割合計算について見てきました。分数と小数の変換を利用することで、例題で見てきたように、計算が楽になる場合があります。次の問題を解いて練習しましょう。

【分数小数変換を利用した割合計算の練習問題】

次の□にあてはまる数を暗算で求めましょう。

（1）5600人の87.5%は□人です。

（2）800円の7割5分は□円です。

（3）前期の経常利益は48億円でしたが、今期は□%増加して、54億円になりました。

（4）定価300円の商品が、セールで□割引になっていたので、210円で買うことができました。

（5）原価500円の商品に2割の利益を見こんで定価をつけましたが、売れなかったので、□割□分の値引きをして、450円で売りました。

【練習問題の答え】

（1）　5600 × 0.875

$= 5600 \times \frac{7}{8}$

$= 700 \times 7 = 4900$　　<u>4900</u>

（2）　800×0.75

$= 800 \times \frac{3}{4}$

$= 200 \times 3 = 600$　　<u>600</u>

（3）　$54 - 48 = 6$

$6 \div 48 = \frac{6}{48} = \frac{1}{8} = 0.125$　**→12.5%**　　<u>12.5</u>

（4）　$300 - 210 = 90$

$90 \div 300 = \frac{90}{300} = \frac{3}{10} = 0.3$　**→3割**　　<u>3</u>

（5）まず定価を求めてから、値引き率を求めます。

$500 \times (1 + 0.2)$

$= 500 \times 1.2$

$= 50 \times 12$　　**←小数点のダンス**

$= 600$　　**…定価**

$600 - 450 = 150$

$150 \div 600 = \frac{150}{600} = \frac{1}{4} = 0.25$　**→2割5分**

<u>2（割）5（分）</u>

■ 第6章まとめの練習問題

では、第6章まとめの練習問題を解いていきましょう。

第6章で習った、小数点のダンスを利用した割合計算、分数小数変換を利用した割合計算の問題をランダムに出していきます。本章では、「小数点のダンス」「分数と小数の変換」の項目も習いましたが、これらの項目も割合計算をしながら復習しましょう。

慣れないうちは、紙とペンを使って解いてもかまいません。慣れたら、徐々に暗算に切りかえていきましょう。

【第6章まとめの練習問題】

次の□にあてはまる数を暗算で求めましょう。

（1）48 mの12.5%は□mです。

（2）定価□円の商品が、定価の2割引で売られていたので、8800円で買うことができました。

（3）□人の3%は45人です。

（4）昨年の社員数は600人でしたが、□%増加したので、今年は780人になりました。

（5）原価500円の商品に4割の利益を見こんで定価をつけましたが、売れなかったので、定価を□割引して560円で売りました。

（6）前期の経常利益は72億円でしたが、今期は□%増加して、135億円になりました。

（7）あるプロ野球選手の年俸が、800万円から30%アップして、□万円になりました。

（8）248円の3割7分5厘は□円です。

（9）原価700円の商品に2割の利益を見こんで定価をつけました。しかし、売れなかったので、定価を1割引して売り値を□円としました。

（10）原価2000円の商品に40%の利益を見こんで定

価をつけました。しかし、売れなかったので、定価を25%値引きして売り値を□円としました。

【練習問題の答え】

（1）［分数小数変換を利用した割合計算］

48×0.125

$= 48 \times \frac{1}{8} = 6$　　　6

（2）［小数点のダンスを利用した割合計算］

$8800 \div (1 - 0.2)$

$= 8800 \div 0.8$

$= 88000 \div 8 = 11000$　　　11000

（3）［小数点のダンスを利用した割合計算］

$45 \div 0.03$

$= 4500 \div 3 = 1500$　　　1500

（4）［分数小数変換を利用した割合計算］

$780 - 600 = 180$

$180 \div 600 = \frac{180}{600} = \frac{3}{10} = 0.3$　→30%　　　30

（5）［小数点のダンスを利用した割合計算］
［分数小数変換を利用した割合計算］

$500 \times (1 + 0.4)$

$= 500 \times 1.4$

$= 50 \times 14 = 700$（円）　…定価

$700 - 560 = 140$

$140 \div 700 = \frac{140}{700} = \frac{1}{5} = 0.2$　→2割　　　2

（6）［分数小数変換を利用した割合計算］

$135 - 72 = 63$

$63 \div 72 = \frac{63}{72} = \frac{7}{8} = 0.875$ →87.5%

<u>87.5</u>

（7）［小数点のダンスを利用した割合計算］

$800 \times (1 + 0.3)$

$= 800 \times 1.3$

$= 80 \times 13 = 1040$

<u>1040</u>

（8）［分数小数変換を利用した割合計算］

248×0.375

$= 248 \times \frac{3}{8}$

$= 31 \times 3 = 93$

<u>93</u>

（9）［小数点のダンスを利用した割合計算］

$700 \times (1 + 0.2)$

$= 700 \times 1.2$

$= 70 \times 12 = 840$（円） …定価

$840 \times (1 - 0.1)$

$= 840 \times 0.9$

$= 84 \times 9 = 756$（円） …売り値

<u>756</u>

（10）［小数点のダンスを利用した割合計算］
［分数小数変換を利用した割合計算］

$2000 \times (1 + 0.4)$

$= 2000 \times 1.4$

$= 200 \times 14 = 2800$（円） …定価

$2800 \times (1 - 0.25)$

$=2800\times(1-\frac{1}{4})$
$=2800\times\frac{3}{4}$
$=700\times3=2100$(円)　　…**売り値**　　<u>2100</u>

驚くべき数「142857」

134ページで触れた142857という数の驚くべき性質について見ていきます。$\frac{1}{7}$から$\frac{6}{7}$までを小数にすると、始まりの数は違いますが、どれも142857が繰り返されるということは、すでに述べました。そのこととも関連しますが、142857に1から6をかけると、次のようになります。

142857×1＝142857
142857×2＝285714
142857×3＝428571
142857×4＝571428
142857×5＝714285
142857×6＝857142

このように、それぞれのケタの数を順序通りに巡回させた数になります。このような数をダイヤル数、または巡回数と言います。ちなみに、142857を2や5で割っても、次のように巡回します。

142857÷2＝71428.5
142857÷5＝28571.4

142857以外のダイヤル数には、5882352941176470などがあります。この数を2倍してみると、次のようになります。

5882352941176470×2＝11764705882352940

途中で0をはさみますが、数の並びが巡回していることがわかります。

142857に話を戻しましょう。142857に7をかけると、次のように9が並びます。

142857×7＝999999

次に、142857を、「142」「857」や「14」「28」「57」に分けてたすと、次のように、やはり9が並びます。

142＋857＝999
14＋28＋57＝99

さらに、142857を、上3ケタの142に1をたした143で割ると、やはり9が並びます。

142857÷143＝999

不思議ですね。しかし、142857の不思議さは、まだ終わりません。142857を2乗すると、次のようになります。

142857×142857＝20408122449

この20408122449を上5ケタの「20408」と下6ケタの「122449」に分けてたすと、なんと、次のように元の142857にもどります。

20408＋122449＝142857

このように、2乗した数を、前と後ろの部分に分けてたしたとき、元の数に等しくなる数は他にもあります。例えば、5050も同じ性質をもった数です。5050を2乗して、前後の部分をたすと、次のように5050に等しくなります。

5050×5050＝25502500
2550＋2500＝5050

ここまで見てきたように、142857という数は、非常にミステリアスな性質をもっています。数や計算の不思議さを一緒に楽しむ話のネタとして、もってこいの話題と言えるのではないでしょうか。

第７章
検算を極める

■ 素早くできる２つの検算法

人間はミスをする生き物です。コンピューターのように、つねに正確に計算することはできません。しかし、検算することによって、ミスをできるだけ減らすことはできます。

ここまで、さまざまな計算法を紹介してきましたが、計算し終わったあとに、検算をして正確性を高めていくことによって、計算力をさらに伸ばすことができます。

検算法として誰もが思いつくのは、**再計算**（同じ問題をもう一度計算する）でしょう。学校の先生から「テストで時間が余ったら、自信のない計算問題をもう一度解き直しなさい」と言われた経験がある方は多いと思います。もっともオーソドックスな方法だけあって、その効果は大きいものがあります。

次に代表的な検算法は、**逆算**でしょう。例えば、「7254 ÷ 93 ＝ 78」という計算に自信がないなら、「78 × 93」を計算してみるという方法です。これも効果的な検算法です。

２つとも効果的な検算法ですが、どちらの方法にもデメリットがあります。それは、「**時間がかかる**」ということです。どちらの方法も、もう一度ちゃんと計算し直す必要があるため、時間がかかります。

しかも、再計算では、はじめに計算した結果と、検算で計算した結果が違う場合、どちらが正しい答えかわからないので、3度目の計算をしなければならないことさえあります。時間に余裕があるときなら可能ですが、時間がないときには向かない検算と言うこともできるでしょう。

そこで、ここでは、時間がかからず素早くできる2つの検算法について見ていきます。

---

(1) 概数検算法

時間がかからない検算法のひとつめが、概算による検算法(以下、**概数検算法**)です。私は塾講師として、生徒の計算結果が正しいかどうか判断するとき、この概数検算法をときどき使います。どのような検算法か、例を挙げて説明します。

例 「895×997＝8925315」の正誤を検算しましょう。

この計算では、895と997はどちらも1000に近いので、1000×1000を計算します。1000×1000＝1000000(百万)です。8925315は、百万より明らかに大きいので間違いだとわかります(正しい答えは892315です)。

ちなみに、「3ケタ×3ケタの答えは、必ず5ケタか6ケタになる」ことを知っていれば、見た瞬間に間違いだとわかります。

例　「308 × 629 = 179732」の正誤を検算しましょう。

308と629の十の位以下を切り捨てて、300と600にしてかけます。300 × 600 = 180000です。179732は、十の位以下を切り捨てた数をかけた180000より小さいので、間違いであることがわかります（正しい答えは193732です）。

例　「92856 ÷ 292 = 318」の正誤を検算しましょう。

92856と292をそれぞれ概数の90000と300にして計算すると、90000 ÷ 300 = 300となります。318は300に近いので、「正しい」と予想できます（実際に正しいです）。

例　「518 + 3208 − 687 − 1892 = 1547」の正誤を検算しましょう。

518、3208、687、1892を概数の500、3200、700、1900にして計算すると、500 + 3200 − 700 − 1900 = 1100になります。この1100と1547は離れているので、間違いであることがわかります（正しい答えは1147です）。

このように、概数検算法は、たし算、引き算、かけ算、割り算どれにも使えます。概算によって素早く計算できるため、時間がないときの検算法として適しています。

（2）一の位検算法

時間がかからない検算法をもうひとつ紹介します。

例えば、「567 × 283 ＝ 160463」は、一目で間違いとわかります。

その理由を解説します。「567の一の位の7」と「283の一の位の3」をかけると、7 × 3 ＝ 21となります。その「21の一の位の1」と、「計算結果の160463の一の位の3」が違うので、間違いだとわかるのです。ちなみに、正しい答えは160461です。かけ算の検算について、もう一例見ておきましょう。

例 「59 × 47 × 38 ＝ 105372」の正誤を検算しましょう。

「59の一の位の9」と「47の一の位の7」をかけると、9 × 7 ＝ 63となります。その「63の一の位の3」と「38の一の位の8」をかけると、3 × 8 ＝ 24となります。その「24の一の位の4」と、「計算結果の105372の一の位の2」が違うので、間違いだとわかります（正しい答えは105374です）。

同じように計算して、あらゆる整数のかけ算の正誤の判定を、この方法で検算できます。このように、一の位に注目するだけで検算できる方法を、本書では「**一の位検算法**」と呼ぶことにします。一の位を計算するだけなので、これも素早くできる検算法です。

さて、ここで質問です。かけ算に、一の位検算法が使えることは、すでに述べました。では、たし算、引き算、割り算にも、一の位検算法が使えると思いますか？

まず、たし算から見ていきましょう。結果から言うと、たし算では、一の位検算法を使うことができます。次のたし算を検算してみましょう。

例「523＋87＋654＋9951＋482＝11698」の正誤を検算しましょう。

たす数のそれぞれの一の位をたすと、「3＋7＋4＋1＋2＝17」となります。この「17の一の位の7」と「11698の一の位の8」が一致しないので、この計算が間違っていることがわかります（正しい答えは11697です）。

引き算でも、一の位検算法を使うことができます。次の引き算を検算してみましょう。

例「4852－1697＝3156」の正誤を検算しましょう。

「4852の一の位の2」から「1697の一の位の7」は引けないので、12から7を引くと5になります。しかし、答えの3156の一の位は6なので、間違いだとわかります（正しい答えは3155です）。

このように、たし算、引き算でも一の位検算法を使うことはできます。では、割り算で、一の位検算法を使うことはできるのでしょうか。次の計算で試してみましょう。

例「1508÷58＝26」の正誤を検算しましょう。

「1508の一の位の8」を「58の一の位の8」で割ると、8÷8＝1となります。この1が、答えの「26の一の位の６」と一致しないので、間違いだと判断してよいのでしょうか。

実は、「1508÷58＝26」の計算は正しいのです。「8÷8＝1」の１と一の位が一致しないのに、なぜ正しい答えになるのでしょうか。その理由について見ていきます。

九九の８の段で、一の位が８であるのは、「8×1＝8」と「8×6＝48」の２つです。これらをそれぞれわり算に直すと、「8÷8＝1」と「48÷8＝6」となります。

だから、一の位が８どうしの数の割り算は、答えの一の位が１になる場合と６になる場合があるのです。「1508÷58＝26」の計算では、答えの一の位が６になる場合です。

このように、少々ややこしい部分があるので、割り算で一の位検算法を使うときは、「**かけ算に直して検算する**」ことをおすすめします。

上記の例の「1508÷58＝26」なら、「58×26＝1508」とかけ算に直して検算すればよいのです。

実際に検算してみましょう。「58×26＝1508」で、「58の一の位の８」と「26の一の位の６」をかけると、8×6＝48となります。その「48の一の位の８」と、「計算結果の1508の一の位の８」が同じなので、「58×26＝1508」と元の計算の「1508÷58＝26」も、正しいと予想できます。

以上、時間がかからない検算法として、概数検算法と一の位検算法を紹介しました。

ちなみに、この**2つの検算法を組み合わせる**のもぜひおすすめしたい方法です。概数検算法と一の位検算法のどちらでも検算して、正しいと予想できれば、その計算結果が正しい可能性は高まります。

概数検算法と一の位検算法、どちらも役に立つ方法なので、計算結果に自信がないときなどにご活用ください。

では、概数検算法と一の位検算法を練習しましょう。

【概数検算法と一の位検算法の練習問題】

次の計算結果を概数検算法で検算して、正しいか間違いかを予想しましょう。

（1）$525 \times 591 = 310275$

（2）$788 \times 57 = 48916$

（3）$101 \times 2017 = 193717$

（4）$1056 \div 22 = 48$

（5）$589 - 220 + 1487 - 375 = 1481$

次の計算結果を一の位検算法で検算して、正しいか間違いかを予想しましょう。

（6）$513 \times 3276 = 1680582$

（7）$78 \times 74 \times 19 = 109668$

（8）$118 + 584 - 5 + 19 + 88 = 800$

（9）$6608 - 259 = 6349$

（10）$13632 \div 852 = 16$

【練習問題の答え】

（1）525と591をそれぞれ概数の500と600にして計算すると、500 × 600 = 300000となります。310275は300000に近いので、「正しい」と予想できます（実際に正しいです）。 正しい

（2）788の十の位以下を切り上げて800にして、57の一の位を切り上げて60にします。それらをかけると800 × 60 = 48000となります。48916は、ともに切り上げた数をかけた48000より大きいので、間違いであることがわかります。 間違い

（3）101と2017の十の位以下を切り捨てて、100と2000にします。それらをかけると100 × 2000 = 200000となります。193717は、ともに切り捨てた数をかけた200000より小さいので、間違いであることがわかります。 間違い

（4）1056と22をそれぞれ概数の1000と20にして計算すると、1000 ÷ 20 = 50となります。48は50に近いので、「正しい」と予想できます（実際に正しいです）。 正しい

（5）589、220、1487、375を概数の600、200、1500、400にして計算すると、600 − 200 + 1500 − 400 = 1500になります。1481は1500に近いので、正しいと予想できます（実際に正しいです）。 正しい

（6）「513の一の位の3」と「3276の一の位の6」をかけると、3 × 6 = 18となります。その「18の一

の位の8」と、「計算結果の1680582の一の位の2」が違うので、間違いだとわかります。　間違い

（7）「78の一の位の8」と「74の一の位の4」をかけると、8×4＝32となります。その「32の一の位の2」と「19の一の位の9」をかけると、2×9＝18となります。その「18の一の位の8」と、「計算結果の109668の一の位の8」が同じなので、正しいと予想できます（実際に正しいです）。正しい

（8）「118＋584－5＋19＋88」のそれぞれの一の位だけを計算すると、8＋4－5＋9＋8＝24となります。その「24の一の位の4」と、「計算結果の800の一の位の0」が違うので、間違いだとわかります。　間違い

（9）「6608の一の位の8」から「259の一の位の9」は引けないので、18から9を引くと9になります。そして、答えの6349の一の位も9なので、正しいと予想できます（実際に正しいです）。　正しい

（10）「13632÷852＝16」をかけ算に直すと、「852×16＝13632」となります。「852×16＝13632」が正しいかどうか検算します。「852の一の位の2」と「16の一の位の6」をかけると、2×6＝12となります。その「12の一の位の2」と、「計算結果の13632の一の位の2」が同じなので、「852×16＝13632」と元の計算の「13632÷852＝16」も正しいと予想できます（実際に正しいです）。　正しい

■ 検算の切り札 九去法

九去法（きゅうきょ）という検算法があります。九去法は、文字通り「**9を取り去る**」ことによって検算する方法です。

例えば、次の例題を見てください。

例「1097＋3248＝4355」の正誤を検算しましょう。

まずは、ひとつ前の項目で見た概数検算法で検算してみましょう。1097と3248を、それぞれ概数にすると、1100と3200になります。それらをたすと、1100＋3200＝4300となり、答えの4355に近いので、「正しい」と判断してしまいそうです。

次に、一の位検算法で検算してみましょう。1097と3248のそれぞれの一の位をたすと、7＋8＝15となります。15と4355の一の位はどちらも5なので、これまた「正しい」と判断してしまいそうです。

では、本当にこの計算結果は正しいのでしょうか。

九去法で確かめてみましょう。九去法を使った検算はシンプルで、基本的なルールは次の3つです。

九去法の3つの基本ルール

[ルール1] 9と0を消す。

[ルール2] たして9になる数を消す。

[ルール3] 1ケタの数になるまで、各位の数をたす。

この3つのルールにしたがって、「1097＋3248＝

4355」の正誤を検算していきます。

① 1097の「**0と9を消す**」と1と7が残ります。その1と7をたして8とします。

② 3248の千の位と百の位と十の位をたすと、3＋2＋4＝9になります。「**たして9になる数を消す**」ので、3と2と4を消します。これにより、8が残ります。

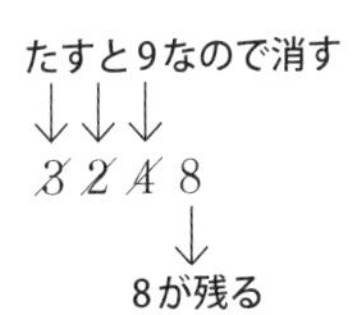

③「①で求めた8」と「②で求めた8」をたして、8＋8＝16とします。「**1ケタの数になるまで、各位の数をたす**」ので、16の十の位と一の位をたして、1＋6＝7とします。

8＋8＝1 6

1＋6＝7

④ 計算結果の4355の千の位と一の位をたすと4＋5＝9になるので、4と5を消します。これにより、3と5が残るので、それらをたして、3＋5＝8とします。

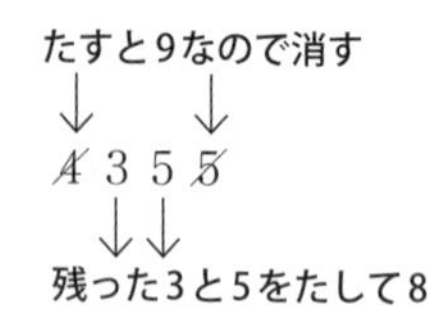

⑤「③で求めた７」と「④で求めた８」が一致しません。
九去法では、一致しなければ答えは間違いなので、「1097＋3248＝4355」の計算は間違っていることがわかります。全体の流れをまとめると、次のようになります。

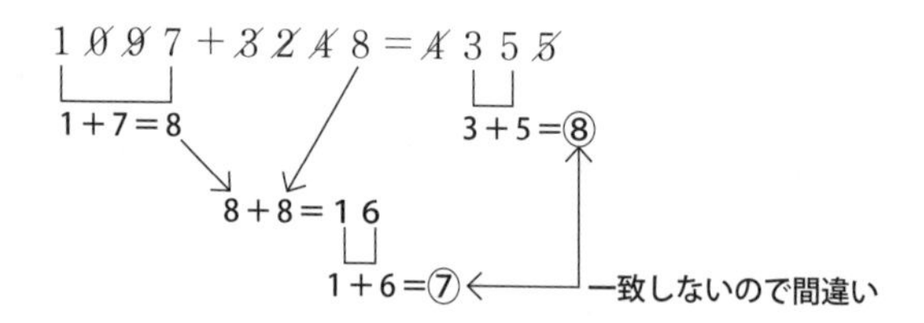

概数検算法と一の位検算法では、この計算が間違いだとわかりませんでした。一方、九去法によって検算することで、間違いだと見破ることができました。例えば、「概数検算法と一の位検算法で検算すると正しそうだが、それでも自信がないときに、この九去法を使う」というのは、ひとつの方法です。

概数検算法、一の位検算法、九去法を組み合わせることによって、かなりの精度で検算することができるようになります。

九去法によってたし算の検算ができる理由については、172ページをご参照ください。

ちなみに、「1097＋3248」の正しい答えは、4345です。正しい計算の「1097＋3248＝4345」を九去法で検算すると、次のように正しいと判断されます。

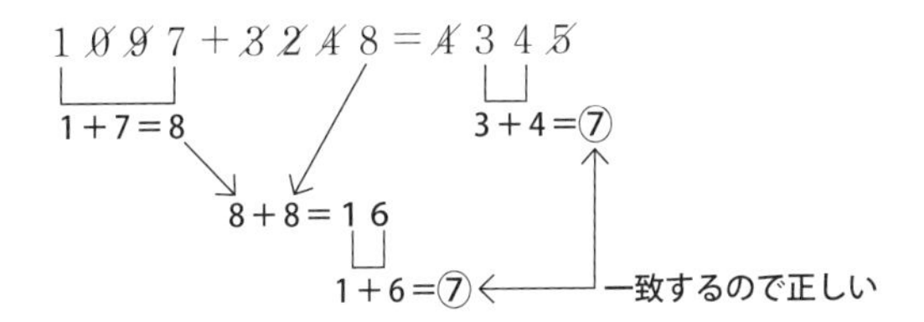

ところで、九去法には、弱点があります。次の例題を見てください。

例　「7892＋4326＝12128」の正誤を検算しましょう。

7892＋4326の正しい答えは12218なので、結果から言うと、この計算は間違っています。しかし、この間違った計算の「7892＋4326＝12128」を九去法で検算すると、次のように「一致する」と判定するのです。

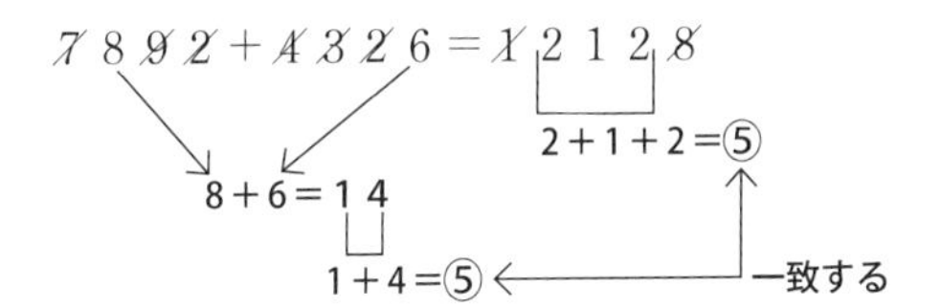

このように、間違った計算でも「一致する」と判定してしまうことがあり、これが九去法の弱点だと言えます。しかし、このような場合が起こる確率は$\frac{1}{9}$で、9回に1回しか起こりません。

また、**九去法で数が「一致しない」場合は、その計算結果が確実に間違っている**と言えるので、計算ミスを見つけるための方法としては有効です。このような場合もあることをふまえつつ、九去法を活用していただければと思います（九去法の弱点が起こる理由については、174ページをご参照ください）。

それでは、九去法によるたし算の検算の練習を行いましょう。

【九去法によるたし算の検算の練習問題】

次の計算結果を九去法で検算して、正しいか間違いかを予想しましょう。

（1）～（5）のいずれも、「九去法の弱点」のケースにあたる計算は含まれていません。

（1）752＋919＝1771

（2）3691＋992＝4683

（3）10285＋52835＝63220

（4）9858＋88521＝98279

（5）5505＋9909＝15414

【練習問題の答え】

（1）

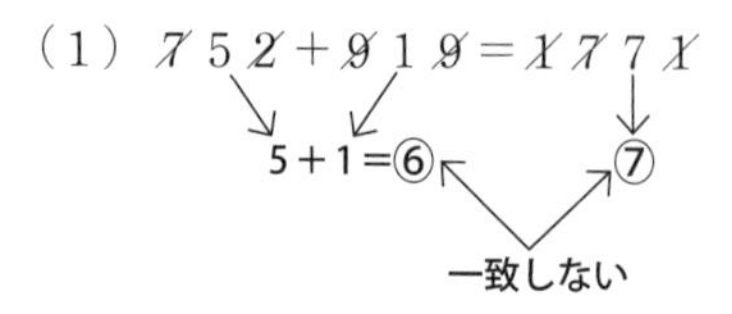

間違い

（２）　3691＋992＝4683

1＋2＝③　　4＋8＝12　　1＋2＝③

一致する

正しい

（３）　10285＋52835＝63220

2＋5＝7　　5＋2＋8＋3＋5＝23　　2＋2＝④

2＋3＝5

7＋5＝12

1＋2＝③　←　一致しない

間違い

（４）　9858＋88521＝98279

8＋5＋8＝21　　8＋5＋2＝15　　⑧

2＋1＝3　　1＋5＝6

3＋6＝9

（※）

⓪　←　一致しない

図の※のところで、９を消して０とします。

間違い

（５）　5505＋9909＝15414

5＋5＋5＝15　　（※）　0　　1＋1＋4＝⑥

1＋5＝6

6＋0＝⑥　←　一致する

図の※のところで、9909はすべての位の数を消すので０とします。

正しい

■引き算、かけ算、割り算にも使える九去法

九去法によって、たし算の検算だけではなく、引き算、かけ算、割り算の検算をすることもできます。まず、九去法による引き算の検算から見ていきましょう。

例 「3521－1934＝1597」の正誤を検算しましょう。

この計算を九去法によって検算すると、次のようになります。

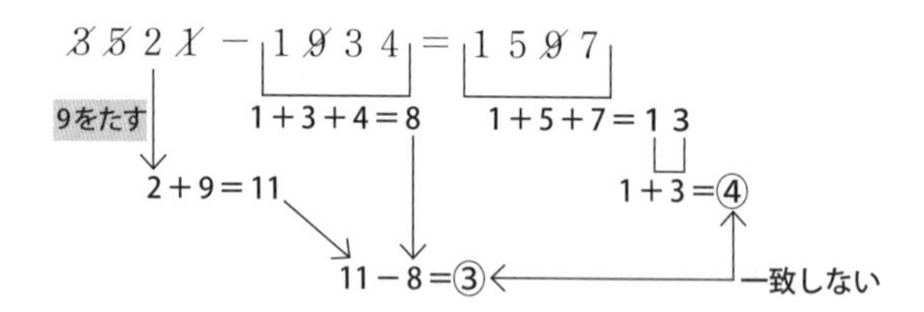

この検算の流れについて説明します。まず、3521の3と5と1をたすと9になるので、これらを消すと、2が残ります。次に、1934の9を消すと、1、3、4が残り、これらをたすと1＋3＋4＝8となります。

ここで、2から8は引けないので、**2に9をたして11とします**。この11から8を引いて3とします。**引き算の九去法で、引けない場合は「9をたしてから引く」**ということをおさえておきましょう。

次に、計算結果の1597の9を消すと、1、5、7が残り、これらをたすと1＋5＋7＝13となります。「1ケタの数になるまで、各位の数をたす」ので、13の十の位と

一の位をたして、1＋3＝4とします。

そして、3と4が一致しないので、この計算は間違いであることがわかります。

次に、九去法によるかけ算の検算について見ていきましょう。

例 「356×592＝210652」の正誤を検算しましょう。

この計算を九去法によって検算すると、次のようになります。

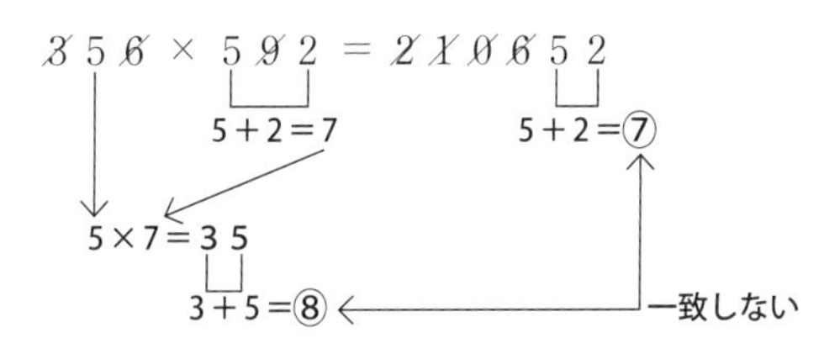

この検算の流れについて説明します。まず、356の3と6をたすと9になるので、これらを消すと、5が残ります。次に、592の9を消すと、5、2が残り、これらをたすと5＋2＝7となります。

5と7をかけると、5×7＝35となります。「1ケタの数になるまで、各位の数をたす」ので、35の十の位と一の位をたして、3＋5＝8とします。

次に、計算結果の210652の0を消します。そして、2、1、6はたすと9になるので、これらも消すと、5と2が残ります。それから、5と2をたして7とします。8と7が一致しないので、この計算は間違いであることがわかります。「356 × 592 ＝ 210652」の正誤は、概数検算法や一の位検算法では確かめることができません。また、再計算するのにも時間がかかります。

一方、九去法を使うと、簡単に検算できました。かけ算や、次に紹介する割り算で、九去法は特に力を発揮します。

九去法によって、かけ算の検算ができる理由については、175ページをご参照ください。

次に、九去法による割り算の検算について見ていきましょう。割り算の検算には、少し工夫が必要です。

割り算の式のまま九去法を使おうとするとややこしくなります。そのため、一の位検算法と同様に、**割り算をかけ算の式に直してから、九去法を使って検算する**という手順が必要です。

例えば、7 ÷ 2 ＝ 3という計算。これは明らかに間違っていますね。この式をかけ算に書きかえると、2×3 ＝ 7という式になります。この計算も当然間違っています。このように、「7 ÷ 2 ＝ 3」を、かけ算の式「2×3 ＝ 7」に直してから検算するということです。例題を解きながら説明します。

例 「116338 ÷ 786 ＝ 148」の正誤を検算しましょう。

「116338 ÷ 786 ＝ 148」をかけ算の「786×148 ＝ 116338」に直して、九去法で検算します。「786 × 148 ＝ 116338」を九去法によって検算すると、次のようになります。

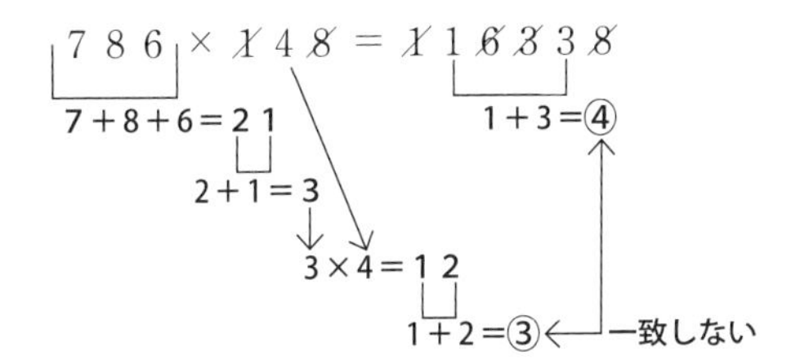

この検算の流れについて説明します。まず、786の各位をたすと、7＋8＋6＝21になります。21の各位をたして、2＋1＝3とします。次に、148の1と8をたすと9になるので、これらを消すと、4が残ります。3と4をかけると、3×4＝12となります。12の各位をたして、1＋2＝3とします。

次に、計算結果の116338の「1と8」「6と3」をそれぞれたすと9になるので、これらを消すと、1と3が残ります。残った1と3をたして4とします。

3と4が一致しないので、「786×148＝116338」という計算は間違いだと判定されます。つまり、「116338÷786＝148」も間違いであることがわかります。

以上、九去法がたし算だけでなく、引き算、かけ算、割り算の検算にも使えることについて見てきました。次の練習問題で、九去法による引き算、かけ算、割り算の検算を練習しましょう。

【九去法による引き算、かけ算、割り算の検算の練習問題】

次の計算結果を九去法で検算して、正しいか間違いかを予想しましょう。

（1）～（6）のいずれも、「九去法の弱点」のケースにあたる計算は含まれていません。

（1）845 − 156 ＝ 689

（2）9085 − 3588 ＝ 5597

（3）741 × 35 ＝ 25945

（4）2999 × 199 ＝ 597801

（5）15407 ÷ 217 ＝ 71

（6）178356 ÷ 439 ＝ 404

【練習問題の答え】

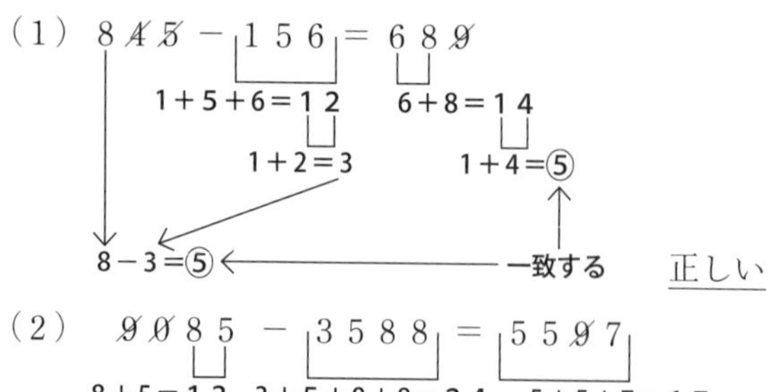

（2） 9085 − 3588 ＝ 5597

8＋5＝13　3＋5＋8＋8＝24　5＋5＋7＝17

1＋3＝4　2＋4＝6　1＋7＝⑧

9をたす

4＋9＝13 → 13−6＝⑦ ← 一致しない

間違い

（3）　741 × 35 ＝ 25945

7＋4＋1＝12　3＋5＝8　2＋5＝⑦

1＋2＝3

3×8＝24

2＋4＝⑥ ← 一致しない

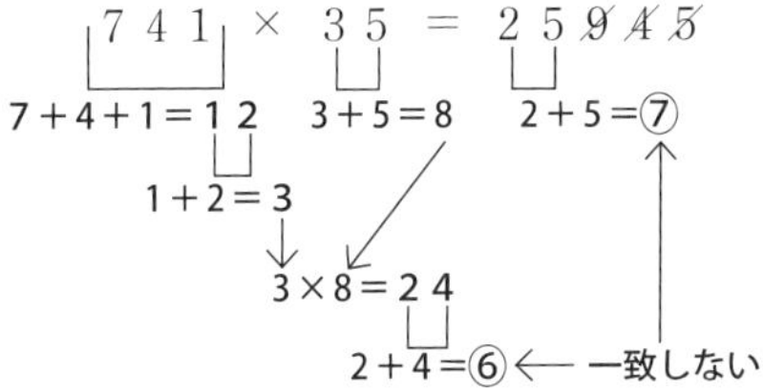

間違い

（4）　2999 × 199 ＝ 597801

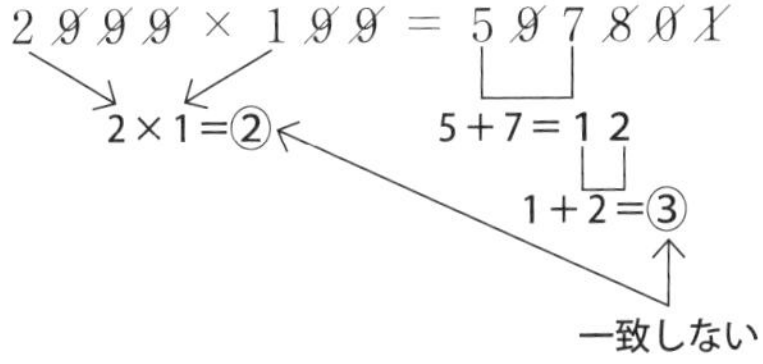

2×1＝②　5＋7＝12

1＋2＝③

一致しない　間違い

（5）かけ算に直して、「217 × 71 ＝ 15407」の検算をします。

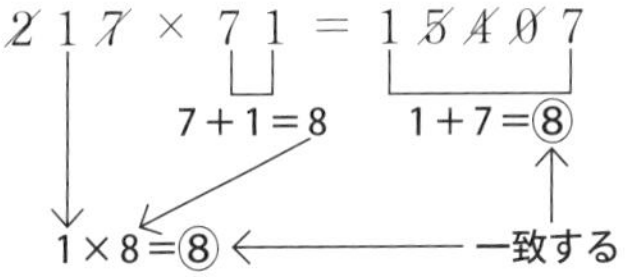

217 × 71 ＝ 15407

7＋1＝8　1＋7＝⑧

1×8＝⑧ ← 一致する

正しい

（6）かけ算に直して、「439 × 404 ＝ 178356」の検算をします。

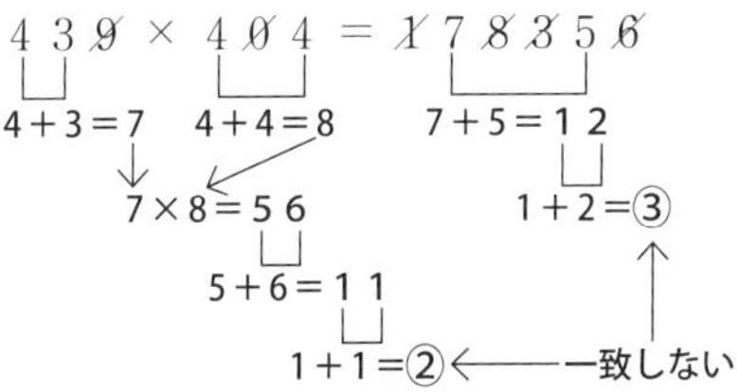

439 × 404 ＝ 178356

4＋3＝7　4＋4＝8　7＋5＝12

7×8＝56　1＋2＝③

5＋6＝11

1＋1＝② ← 一致しない

間違い

■第7章まとめの練習問題

では、第7章まとめの練習問題を解いていきましょう。

第7章で習った、概数検算法、一の位検算法、九去法での検算を復習します。問題の条件が少々複雑なので、よく読んでから解きましょう。

【第7章まとめの練習問題】

（1）〜（10）の計算について、次の3つの手順で、正しいか間違いかを検算しましょう。

［手順1］まず、一の位検算法で検算できるか確かめる。一の位検算法で、「間違い」だと判定できる場合は、そこで検算を終了する。「間違い」だと判定できない場合は、［手順2］に進む。

［手順2］次に、概数検算法で検算できるか確かめる。概数検算法で、「間違い」だと判定できる場合は、そこで検算を終了する。「間違い」だと判定できない場合は、［手順3］に進む。

［手順3］九去法による検算で、正しいか間違いかを予想する。

（1）$4890-1939=2951$

（2）$1210\times 302=355420$

（3）$314\times 751=235814$

（4）$7975946\div 3982=203$

（5）$5281+8369=13650$

（6）8981 × 34 ＝ 305254

（7）884 ＋ 516 ＝ 1408

（8）79719 ＋ 69892 ＝ 150611

（9）5843 － 4685 ＝ 1157

（10）632229 ÷ 7267 ＝ 87

【練習問題の答え】

（1）［九去法］

一の位検算法と概数検算法では間違いだと判定できないので、九去法で検算します。

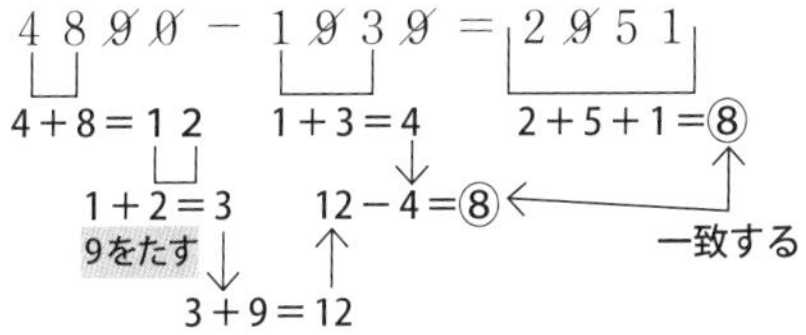

4 8 9̸ 0̸ － 1 9̸ 3 9̸ ＝ 2 9̸ 5 1

4＋8＝12　　1＋3＝4　　2＋5＋1＝⑧

1＋2＝3　　12－4＝⑧　　一致する

9をたす

3＋9＝12

正しい

（2）［概数検算法］

一の位検算法では間違いだと判定できないので、概数検算法で検算します。

1210と302の十の位以下を切り捨てて、1200と300にします。それらをかけると1200 × 300 ＝ 360000となります。355420は、ともに切り捨てた数をかけた360000より小さいので、間違いであることがわかります。　間違い

（3）［九去法］

一の位検算法と概数検算法では間違いだと判定

できないので、九去法で検算します。

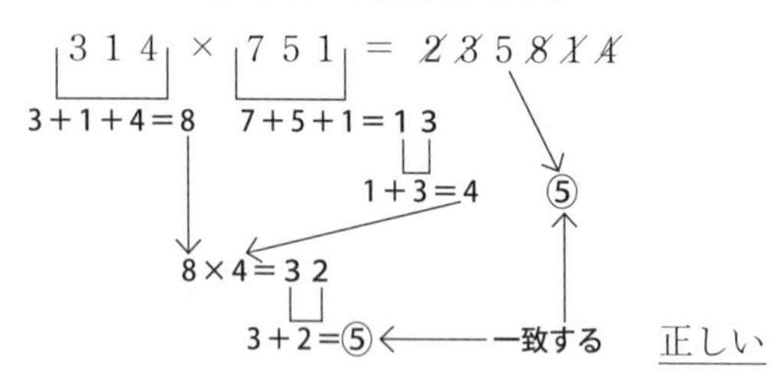

正しい

（4）［概数検算法］

一の位検算法では間違いだと判定できないので、概数検算法で検算します。

7975946と3982をそれぞれ概数の8000000と4000にして計算すると、8000000 ÷ 4000 = 2000となります。203は2000と大きく違うので、「間違い」であることがわかります。

間違い

（5）［九去法］

一の位検算法と概数検算法では間違いだと判定できないので、九去法で検算します。

5281 + 8369 = 13650

5+2=7

1+5=⑥

7+8=15

1+5=⑥ ← 一致する

正しい

（6）［九去法］

一の位検算法と概数検算法では間違いだと判定できないので、九去法で検算します。

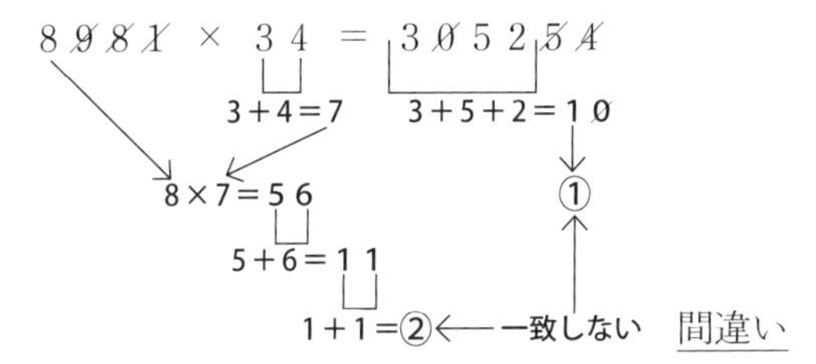

間違い

（７）［一の位検算法］

「884の一の位の４」と「516の一の位の６」をたすと、４＋６＝10となります。その「10の一の位の０」と、「計算結果の1408の一の位の８」が違うので、間違いだとわかります。　間違い

（８）［概数検算法］

一の位検算法では間違いだと判定できないので、概数検算法で検算します。

79719と69892をともに切り上げて概数にすると、80000と70000になります。これらの和は、80000＋70000＝150000です。150611は、ともに切り上げた数をたした150000より大きいので、間違いであることがわかります。

間違い

（９）［一の位検算法］

「5843の一の位の３」から「4685の一の位の５」は引けないので、13から５を引くと８になります。その８と、「計算結果の1157の一の位の７」が違うので、間違いだとわかります。　間違い

(10) ［九去法］

一の位検算法と概数検算法では間違いだと判定できないので、九去法で検算します。

かけ算に直して、「7267 × 87 = 632229」の検算をします。

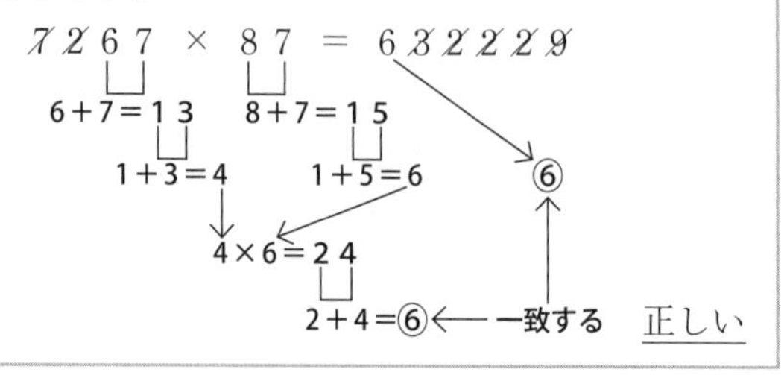

正しい

第7章の補足メモ①

九去法でたし算の検算ができる理由

九去法でたし算の検算ができる理由を解説する前に、九去法が利用している数の性質について述べます。

例えば、453という数は、次のように変形できます。

$$
\begin{aligned}
453 &= 100+100+100+100+10+10+10+10+10+3 \\
&= 4+99+99+99+99+5+9+9+9+9+9+3 \\
&= 4+5+3+(99+99+99+99+9+9+9+9+9) \\
&= 4+5+3+(9\text{の倍数})
\end{aligned}
$$

この式の変形により、453を9で割ったあまりと、453の各位の和（4＋5＋3＝12）を9で割ったあまりは等しいことがわかります。同様に式を変形することで、453

だけでなく、すべての整数について、この性質が成り立ちます。つまり、次の性質が成り立つということです。

「ある整数を９で割ったあまりは、その数の各位の和を９で割ったあまりに等しい」

九去法は、この性質を利用しています。では、九去法でたし算の検算ができる理由について解説します（中学数学の知識が必要です）。

ある整数xを９で割ったときの商をa、あまりをbとすると、

整数$x = 9a + b$

と表すことができます。

また、ある整数yを９で割ったときの商をc、あまりをdとすると、

整数$y = 9c + d$

と表すことができます。

そして、xとyの和は、次のようになります。

$x + y = 9a + b + 9c + d = 9(a + c) + b + d$

これにより、「計算結果を９で割ったときのあまり」は、「$b + d$を９で割ったあまり」に等しくなることがわかります。つまり、計算結果が正しいときに、「xを９で割ったあまりbと、yを９で割ったあまりdの和（を９で割

ったあまり)」が、計算結果を9で割ったあまりと等しくなるのです。一方、計算結果が間違っていれば、等しくはなりません。これが、九去法でたし算の検算ができる理由です。

例えば、「58＋39＝97」は正しい計算です。この計算で、「58を9で割ったあまり4」と「39を9で割ったあまり3」をたすと7になります。正しい答えの97を9で割ったあまりも7となり、等しくなっていることがわかります。

ちなみに、九去法で、9や0、「たして9になる数」を消してもよい理由は、それらを消しても、9で割ったときのあまりが変わらないからです。

第7章の補足メモ②

九去法の弱点が起こる理由

※「補足メモ①」の内容を前提とします。

例えば、「55＋47＝102」は正しい計算です。正しい計算なので、九去法で検算しても、当然「正しい」と判定されます。

「55を9で割ったあまり1」と「47を9で割ったあまり2」をたすと3になります。正しい答えの102を9で割ったあまりも3となり、等しくなっていることがわかります。

一方、「55＋47＝111」という計算は間違っています。間違っていますが、九去法では、「正しい」と判定されます。これは、111を9で割ったあまりが3だからです。この例では、「9で割って3あまる数」を答えにした場合、その答えが間違っていても、九去法では「正しい」と判定されるのです。

本文でも説明した通り、このようなことが起こる確率は$\frac{1}{9}$です。また、九去法で、数が「一致しない」場合は、その計算結果が確実に間違いだと言えるので、これで九去法の有効性が失われるわけではありません。

第7章の補足メモ③

九去法でかけ算の検算ができる理由

九去法でかけ算の検算ができる理由について解説します（中学数学の知識が必要です）。

ある整数xを9で割ったときの商をa、あまりをbとすると、

整数$x = 9a + b$

と表すことができます。

また、ある整数yを9で割ったときの商をc、あまりをdとすると、

整数$y = 9c + d$

と表すことができます。

そして、xとyの積は、次のようになります。

$$
\begin{aligned}
x \times y &= (9a + b)(9c + d) \\
&= 81ac + 9ad + 9bc + bd \\
&= 9(9ac + ad + bc) + bd
\end{aligned}
$$

これにより、「計算結果を9で割ったときのあまり」は、「bdを9で割ったあまり」に等しくなることがわかります。つまり、計算結果が正しいときに、「xを9で割ったあまりbと、yを9で割ったあまりdの積（を9で割ったあまり）」が、計算結果を9で割ったあまりと等しくなるのです。一方、計算結果が間違っていれば、等しくはなりません。これが、九去法でかけ算の検算ができる理由です。

例えば、「$19 \times 29 = 551$」は正しい計算です。この計算で、「19を9で割ったあまり1」と「29を9で割ったあまり2」をかけると2になります。正しい答えの551を9で割ったあまりも2となり、等しくなっていることがわかります。

不思議な数と計算のコラム⑥

必ず元の数に戻る計算ゲーム

このコラムでは、「必ず元の数に戻る計算ゲーム」を紹介しましょう。次の会話を見てください。

お父さん：何でもいいから、３ケタの数を言ってくれるかな？
子供：えっと…371。
お父さん：では、その数を重ねて、６ケタの数にしよう。371371になるね。この371371を、割り算を使って元の371に戻してみよう。
子供：割り算を使って？　どうやるの？
お父さん：その方法を話すね。では、371371をまず７で割ってくれるかな？
子供：371371÷7は、えっと……53053。
お父さん：うん、次はその53053を11で割ってくれるかな？
子供：53053÷11は、えっと……これも割り切れた！ 4823だよ。
お父さん：うん、次はその4823を13で割ってくれるかな？
子供：4823÷13は、えっと…あっ、371に戻ったよ！ びっくり！
お父さん：そうだね。371371を、割り算を使って元の371に戻すことができたね。

この計算ゲームでは、３ケタの数を重ねて、６ケタの数にします。そして、その６ケタの数を、７、11、13で割っていくと元の３ケタの数に戻るというゲームです。

では、この計算ゲームの答えが、元の数に戻る理由について見ていきます（中学数学の知識が必要です）。

百の位をa、十の位をb、一の位をcすると、元の３ケタの数は、$100a+10b+c$と表せます。そして、重ねて６ケタにした数は、

$$100000a+10000b+1000c+100a+10b+c$$

と表せます。これを整理すると、次のようになります。

$$\begin{aligned} &100000a+10000b+1000c+100a+10b+c \\ &=100100a+10010b+1001c \\ &=1001(100a+10b+c) \end{aligned}$$

$7\times11\times13=1001$なので、７で割り、11で割り、13で割ると、元の数（$100a+10b+c$）に戻ることがわかります。ですから、重ねて６ケタにした数を「1001で割ってください」と言えば、１回で元の数に戻すこともできます。会話のネタとして試してみてはいかがでしょうか。

最終章

総まとめテスト

最終章では、総まとめテストを行います。第2章から第7章で習った暗算術（を組み合わせた問題）や検算法についての25題をランダムに出題します。各4点で計100点となります。

計算力を磨くためには、反復が大切です。1回だけではなく、何回も解き直して、計算力を鍛えていきましょう。反復するたびに、解く時間が短縮され、点数が上がっていくことでモチベーションが高まりますので、ぜひ次の表をご活用ください。

回数	年月日	時間	点数
1回目	年　月　日	分　秒	点
2回目	年　月　日	分　秒	点
3回目	年　月　日	分　秒	点
4回目	年　月　日	分　秒	点
5回目	年　月　日	分　秒	点
6回目	年　月　日	分　秒	点
7回目	年　月　日	分　秒	点
8回目	年　月　日	分　秒	点
9回目	年　月　日	分　秒	点
10回目	年　月　日	分　秒	点

最終的に90点以上を取ることができれば、本書の内容がほとんど頭に入ったと言えるでしょう。それでは、

総まとめテスト　（各4点、計100点）

次の各問題を暗算で解きましょう。ただし検算の問題については、途中経過を紙に書きながら解いてもかまいません。複数の暗算術で解ける計算については、一番解きやすい暗算術を選択して解いてください。

（1）10000－2805＝

（2）634÷5＝

（3）68×43＝

（4）6×18×25×15＝

（5）「59×57×22＝73988」という計算が正しいか間違いかを、一の位検算法で検算しましょう。

（6）588＋28＝

（7）「215228÷4＝」は割り切れますか、割り切れませんか（答えが整数になれば割り切れるとし、答えが整数にならなければ割り切れないとします）。

（8）87×3＝

（9）654＋277＝

（10）原価4000円の商品に40％の利益を見こんで定価をつけました。しかし、売れなかったので、定価を12.5％値引きして売り値をつけました。売り値はいくらですか。

さっそくテストを始めましょう。

(11) 33 × 15 =

(12)「122815 ÷ 1595 = 77」という計算が正しいか間違いかを、九去法で検算しましょう。

(13) 5176 + 5494 =

(14) 31 × 32 =

(15)「19027 ÷ 9 =」は割り切れますか、割り切れませんか（答えが整数になれば割り切れるとし、答えが整数にならなければ割り切れないとします）。

(16) 721 − 389 =

(17) 去年の経費は390万円でした。今年は、経費を60％削減しました。今年の経費はいくらですか。

(18) 1000 − 23 × 23 =

(19) 16 × 21 × 25 =

(20)「2023 × 251 = 497773」という計算が正しいか間違いかを、概数検算法で検算しましょう。

(21) 5.6 ÷ 0.35 =

(22) 75 + 49 =

(23) ある商品が、定価の3割引で売られていたので、6300円で買うことができました。この商品の定価はいくらですか。

(24)「78140 − 53963 = 24077」という計算が正しいか間違いかを、九去法で検算しましょう。

(25) 61 × 61 =

総まとめテストの答え

カッコ内のページで、それぞれの方法を解説しています。

（1）おつり暗算術（89ページ）

$$10000 - 2805$$
$$= 9999 - 2805 + 1$$
$$= 7195 \qquad \underline{7195}$$

（2）「かけて割る」暗算術（103ページ）

$$634 \div 5$$
$$= 634 \times 2 \div 10$$
$$= 1268 \div 10 = 126.8 \qquad \underline{126.8}$$

（3）2本曲線法（41ページ）

$$68 \times 43$$
$$= \boxed{60 \times 40} + \boxed{50} \times 10 + \boxed{24}$$
$$= 2400 + 500 + 24 = 2924 \qquad \underline{2924}$$

（4）並べ替える暗算術（64ページ）、かっこ暗算術（62ページ）、「一の位が5の数に偶数をかける」暗算術（67ページ）

$$6 \times 18 \times 25 \times 15$$
$$= 6 \times 15 \times 18 \times 25$$
$$= (6 \times 15) \times (18 \times 25)$$
$$= 90 \times (9 \times 2 \times 25)$$
$$= 90 \times \{9 \times (2 \times 25)\}$$
$$= 90 \times 450$$
$$= 40500 \qquad \underline{40500}$$

（5）一の位検算法（150ページ）

「59の一の位の9」と「57の一の位の7」をかけると、9×7＝63となります。その「63の一の位の3」と「22の一の位の2」をかけると、3×2＝6となります。その6と、「計算結果の73988の一の位の8」が違うので、間違いだとわかります。　間違い

（6）3ケタ＋2ケタの暗算術（82ページ）

$$588+28$$
$$=500+(88+28)$$
$$=500+116$$
$$=616$$

616

（7）4の倍数判定法（112ページ）

215228の下2ケタの28は、4の倍数です。だから、215228は4の倍数です。　割り切れる

（8）分配法則（37ページ）

$$87\times 3$$
$$=(80+7)\times 3$$
$$=80\times 3+7\times 3$$
$$=240+21=261$$

261

（9）3ケタ＋3ケタの暗算術（83ページ）

$$654+277$$
$$=600+54+200+77$$
$$=800+(54+77)$$
$$=800+131$$
$$=931$$

931

（10）小数点のダンスを利用した割合計算（128ページ）、分数小数変換を利用した割合計算（135ページ）

$$4000 \times (1 + 0.4)$$
$$= 4000 \times 1.4$$
$$= 400 \times 14 = 5600\text{（円）}$$ …定価

$$5600 \times (1 - 0.125)$$
$$= 5600 \times \left(1 - \frac{1}{8}\right)$$
$$= 5600 \times \frac{7}{8}$$
$$= 700 \times 7 = 4900\text{（円）}$$ …売り値

4900円

（11）11をかける暗算術（70ページ）、かっこ暗算術（62ページ）

$$33 \times 15$$
$$= 11 \times 3 \times 15$$
$$= 11 \times (3 \times 15)$$
$$= 11 \times 45 = 495$$

495

（12）九去法（割り算）（164ページ）

かけ算に直して、「1595 × 77 = 122815」の検算をします。

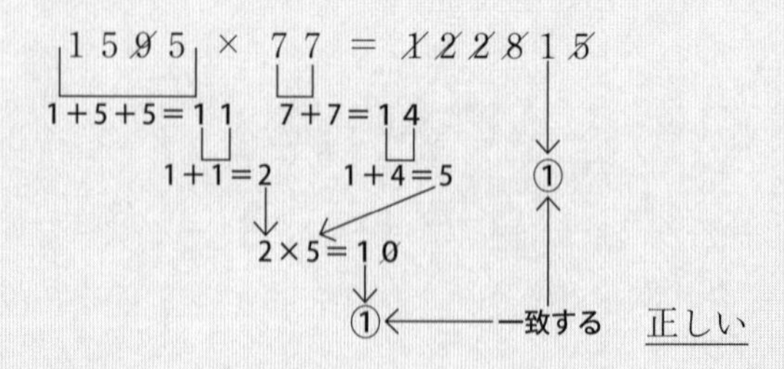

(13)　4ケタ＋4ケタの暗算術（85ページ）

$5176+5494$

$=5100+76+5400+94$

$=(5100+5400)+(76+94)$

$=10500+170$

$=10670$　　**10670**

(14)　超おみやげ算の応用（32ページ）

31×32

$=33 \times 30+1 \times 2$

$=990+2=992$　　**992**

(15)　9の倍数判定法（111ページ）

19027のすべての位をたすと$1+9+0+2+7=19$です。19は9の倍数ではないので、19027は9の倍数ではありません。　　**割り切れない**

(16)「大きく引いて小さくたす」暗算術（93ページ）

389を引くことは、「400を引いて11をたす」ことと同じですから、次のように式を変形して計算します。

$721-389$

$=721-400+11$

$=321+11$

$=332$　　**332**

(17)　小数点のダンスを利用した割合計算（128ページ）

$390 \times (1-0.6)$

$=390 \times 0.4$

$=39 \times 4=156$　　**156万円**

(18) おみやげ算（21ページ）、おつり暗算術（88ページ）

$$1000-23\times 23$$
$$=1000-(26\times 20+3^2)$$
$$=1000-(520+9)$$
$$=1000-529$$
$$=999-529+1$$
$$=471$$

471

(19) 並べ替える暗算術（64ページ）、かっこ暗算術（62ページ）、「一の位が5の数に偶数をかける」暗算術（67ページ）

$$16\times 21\times 25$$
$$=16\times 25\times 21$$
$$=8\times(2\times 25)\times 21$$
$$=8\times 50\times 21$$
$$=400\times 21=8400$$

8400

(20) 概数検算法（148ページ）

2023の十の位以下を切り捨てて2000とし、251の一の位以下を切り捨てて250にします。それらをかけると2000 × 250 = 500000となります。497773は、ともに切り捨てた数をかけた500000より小さいので、間違いであることがわかります。

間違い

(21) 小数点のダンス（124ページ）、「割って割る」暗算術（106ページ）

$$5.6\div 0.35$$
$$=560\div 35$$

$= 560 \div (7 \times 5)$

$= 560 \div 7 \div 5$

$= 80 \div 5 = 16$　　<u>16</u>

（22）２ケタ＋２ケタの暗算術（79ページ）

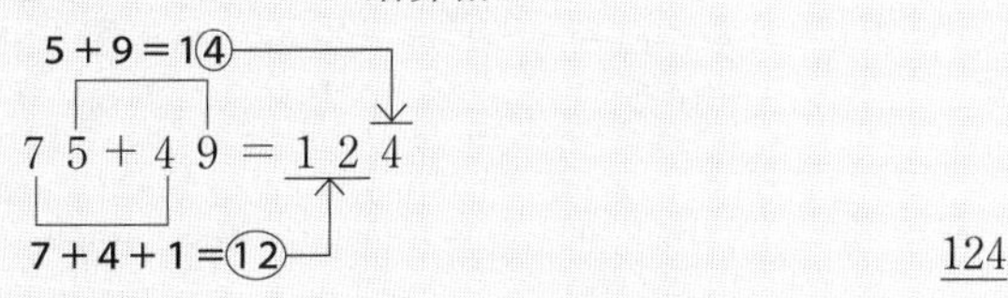

<u>124</u>

（23）小数点のダンスを利用した割合計算（128ページ）

$6300 \div (1 - 0.3)$

$= 6300 \div 0.7$

$= 63000 \div 7$

$= 9000$　　<u>9000円</u>

（24）九去法（引き算）（162ページ）

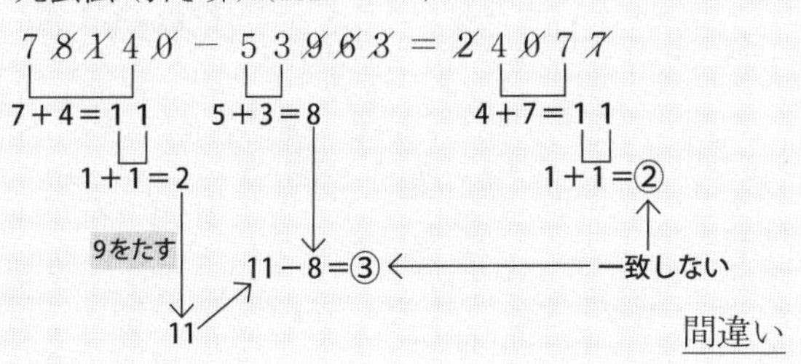

<u>間違い</u>

（25）おみやげ算（21ページ）

61×61

$= 62 \times 60 + 1^2$

$= 3720 + 1$

$= 3721$　　<u>3721</u>

おわりに

人間はいつから計算を始めるようになったのでしょうか。おそらくは原始時代、木や石などの数を数えたり、たし合わせたりすることからでしょう。

それから長い長い時を経て、人間は電子計算機、いわゆるコンピューターを発明しました。その後、コンピューターは目覚ましい発展をとげ、現在、その最先端の形態のひとつが、スーパーコンピューターです。

日本が世界に誇るスーパーコンピューター「京（けい）」。その計算速度をご存じでしょうか。「京」は、1秒間に10,000,000,000,000,000回（1京（けい）回）の計算ができるそうです。そして、今後さらにこの計算速度は増していくでしょう。

では、それを開発した人間の計算速度はどうでしょうか。2ケタ＋2ケタの簡単な計算を1回するだけでも、1秒以上はかかってしまいそうです。人間とコンピューターの計算速度はすでに圧倒的な差がついていますが、今後さらにその差は大きくなっていくでしょう。

「そんなに差があるのだから、計算は全部コンピューターに任せればいいではないか」

このような意見もあるかもしれません。しかし、私はそうは思いません。コンピューターとの間にどんなに差がついても、これからも人間は計算をし続けるべきですし、実際、計算をし続けるでしょう。

なぜなら、計算することによって、私たちの思考力の基礎が形成されるからです。小学1年生で、たし算、引き算を習い、小学校高学年、中学校、高校と進むにつれて、さらに高度な計算を学びます。それらの順序だった計算プロセスを身につけることにより、私たちは論理的思考力を培(つちか)うことができます。

圧倒的な力をもつコンピューターの使い手は、あくまでも私たち人間です。正しいコンピューターの使い方を、今後さらに冷静かつ論理的に考えていく必要があります。昨今、ビル・ゲイツ氏や、物理学者のスティーヴン・ホーキング博士が、人工知能の危険性について言及して話題となりました。私たちは自ら作ったものを、人類の利益となり続けるよう、コントロールして使っていく必要があるのです。

私たちの身のまわりを見渡してみても同じことが言えます。

パソコンやスマートフォンなど、計算能力という点では、人間をはるかに上回る情報機器を使う時代に、私たちは生きています。それらの機器に振り回されることなく、冷静かつ論理的に考え、それらをひとつの道具として使いこなしていく必要があるのです。

人間の作った道具が人間以上の計算能力をもつ時代だからこそ、計算に精通し、自分自身で計算できる力を少しでも高めていくことに意味があるような気がしてなりません。

最後になりましたが、読者の皆様、本書をお読みいただき、本当にありがとうございました。そして、私に本書を書く機会を与えてくださり、執筆をサポートしてくださった編集部の岸本洋和さん、そして平凡社の方々にも心より感謝を申し上げます。

第１章で述べた通り、計算力を強化し、暗算術のしかたを覚えるためには、反復が重要です。この本を繰り返しお読みいただき、内容をマスターして、日常生活や仕事に役立てていただければ、これにまさる喜びはありません。

2016年３月

小杉拓也

【著者】
小杉拓也（こすぎ たくや）
1977年和歌山県生まれ。東京大学経済学部経済学科卒。中学受験塾 SAPIX グループの個別指導塾講師などを経て、個別指導塾「志進ゼミナール」を開業、塾長を務める。小中学生の指導のかたわら、暗算法の開発や研究にも力を入れている。著書に『ビジネスで差がつく計算力の鍛え方――「アイツは数字に強い」と言われる34のテクニック』（ダイヤモンド社）、『中学受験算数 計算の工夫と暗算術を究める』（エール出版社）、『小学校６年間の算数が１冊でしっかりわかる本』（かんき出版）など。

平 凡 社 新 書 ８ １ ４

脳を鍛える！ 計算力トレーニング

発行日――2016年５月13日　初版第１刷

著者――小杉拓也

発行者――西田裕一

発行所――株式会社平凡社
東京都千代田区神田神保町3-29　〒101-0051
電話　東京（03）3230-6580［編集］
　　　東京（03）3230-6573［営業］
振替　00180-0-29639

印刷・製本―図書印刷株式会社

装幀――菊地信義

ISBN978-4-582-85814-3
NDC 分類番号411.1　新書判（17.2cm）　総ページ192
平凡社ホームページ　http://www.heibonsha.co.jp/